翡翠

陈德锦　常云花　周景冬　编著

云南出版集团公司
云南科技出版社
·昆　明·

图书在版编目（CIP）数据

戴翡翠 / 陈德锦，常云花，周景冬编著. -- 昆明：云南科技出版社，2014.3
ISBN 978-7-5416-8026-7

Ⅰ. ①戴… Ⅱ. ①陈… ②常… ③周… Ⅲ. ①翡翠—基本知识 Ⅳ. ①TS933.21

中国版本图书馆CIP数据核字(2014)第054414号

策　　划：杨　峻
责任编辑：唐坤红
　　　　　洪丽春
整体设计：晓　晴
责任校对：叶水金
责任印制：翟　苑

云南出版集团公司
云南科技出版社出版发行
（昆明市环城西路609号云南新闻出版大楼　邮政编码：650034）
昆明合骧琳彩印包装有限责任公司印刷　全国新华书店经销
开本：787mm×1092mm　1/36　印张：2.75　字数：80千字
2014年4月第1版　　2014年5月第2次印刷
定价：25.00元

序

《翡翠——鉴、赏、购、戴》系列书即将出版。这是长期工作在宝玉石鉴定工作岗位上的陈德锦、杨军等几位所著。我详细认真地阅读了几遍，感到非常有新意。翡翠的书已出版了许多，但鉴赏类占大多数，鉴赏类的书是很容易写的，因为人人都可以当鉴赏家，若要写得深入浅出就很难了。这套书的内容十分实用，它从翡翠的种、水、色、造型、鉴别、佩戴以及翡翠有关的方方面面都写得一目了然，而且非常易懂实用，使读者看了这本书就敢买翡翠，是至今任何翡翠的书所不及的。书内的许多内容如肉眼鉴定翡翠是那么的实用，说明作者实践经验很丰富，理论与实践紧密结合，是指导购买翡翠的一本好书，也是教学的一本好教材。

最近这十年，因为翡翠的持续升温，大量翡翠的书也跟着多了起来。因为大多写书的人没有真实地实践过，大量的垃圾书充斥书市，产生了许多伪专家，这都是我们要警惕的，而这套书是多年来未见到的好书，读了您就明白了。

书内有许多肉眼鉴定翡翠及其他与之区分的珠宝的经验，在其他的珠宝书内是不会写的，一是没有这个功底，二是不愿写出来教人。而这套书内，几乎把所有肉眼鉴定的知识、方法、步骤等等都列入书内供大家学习，这实为难能可贵。同时非常全面地把各种作假方法介绍出来，怎么鉴定写得一清二楚，这是珠宝书里所不多见的。

全书语言精练，专业性强，易懂易学易掌握，具极强的实用价值!

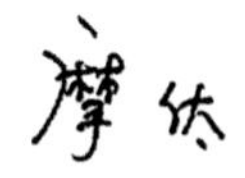

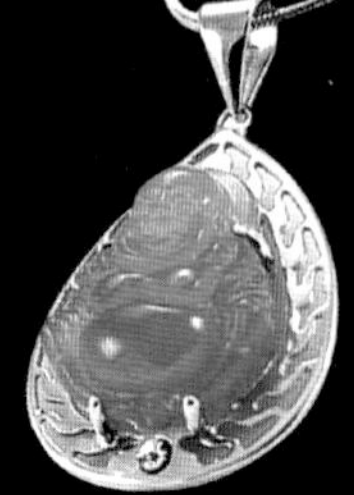

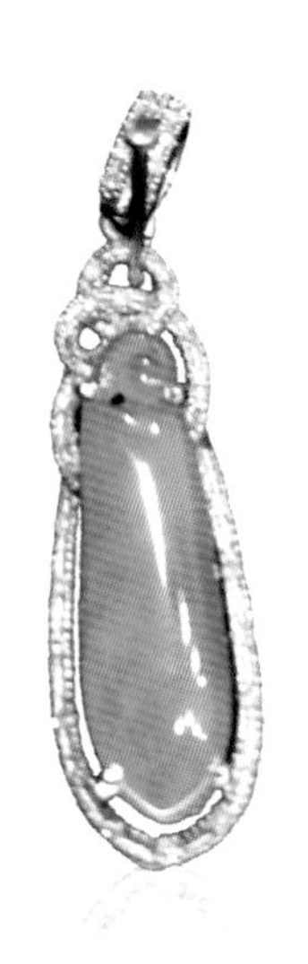

戴翡翠有好处

翡翠玉石是自然界的产物，经过亿万年的形成，凝聚了宇宙之精华，是万物之中最有灵性的自然物质。翡翠玉石所具有的灵性不仅可以与佩戴的主人心心相通，可以润泽佩戴者的心灵，达到净化心灵，提高情操，完善自我思想，同时可以起到心灵的暗示，可以驱魔辟邪、护身挡灾的作用。世界万物均以阴阳平衡为最佳境界，翡翠玉石包含有多种微量元素以及特有的聚敛和释放能量的能力，不仅可以补充佩戴者人体内部缺乏的微量元素，平衡人体内部的经、脉、神经、血以及体内的各个生理器官的活动能力和生理机能，同时还可以根据人体内部能量的多或少来补充人体的能量或吸取人体内多余的能量，以减小人体内新陈代谢的负担。

人养玉　玉养人

古人讲佩玉为美，黄金有价玉无价。玉埋藏地下几千年或是上亿年，玉中含有大量矿物元素，所以人们常说人养玉玉养人，如果人的身体好长期佩玉可以滋润玉，玉的水头也就是折光度会越来越好，越来越亮。如果人的身体不好长期佩玉，玉中的矿物元素会慢慢让人体吸收达到保健作用，譬如女士戴玉的手镯通常带左手，因为对心脏有好处。玉为枕而脑聪，古代皇帝就喜欢用玉做枕头，像中国古代长寿的皇帝都久用玉枕。而且像《本草纲目》也有对玉保健作用的介绍。

古代辟邪保平安的信物

翡翠饰品出现的初期，翡翠饰品只是作为人们对宗教信仰的一个信物，并不太讲究翡翠饰品品质的好坏和翡翠饰品的款式，不存在现代人对翡翠饰品美观上的需求。古人佩戴翡翠饰品只是为了驱除鬼怪、辟邪镇灾。在科学极度不发达的古代，当各种疾病、灾难、痛苦来临的时候除了把希望寄托在信物上就找不到有效的办法抵御灾难和疾病，因此具有灵性的翡翠饰品就成了驱魔辟邪、护身挡灾、保平安的信物。相传翡翠玉石能在夜晚发出一种特殊的光泽，可照亮方圆数尺之地，一切妖魔鬼怪或邪恶力量见到这样的光泽之后都会逃之夭夭，甚至因此而毙命，因此历代皇帝常持笏以示威严并保健康，平民百姓也喜欢佩戴玉器以求平安。不仅在古代，翡翠饰品驱凶辟邪作用还一直伴随着玉石文化流传并发展至今，称为人们选购和佩戴翡翠饰品的重要原因之一。

心灵愿望寄托

古人佩戴翡翠饰品以达到驱魔辟邪，当恶魔和邪恶力量远离身体和家人的时候，平安已经成为现实，幸福的生活将不再遥远。古人希望翡翠饰品佩戴在身能伴随着一份安全和希望，把对安全和美好的生活寄托到翡翠饰品上，把心灵深处愿望和渴望寄托到翡翠饰品上。当社会发展到一定的时候，物质文明使得人们不再为饥饿而痛苦，不再为安全而过多顾虑，佩戴翡翠饰品更多的是希望远离意外、远离疾病，更深层次是希望翡翠饰品的灵性能稳定儿女情感，爱情长久、婚姻幸福。

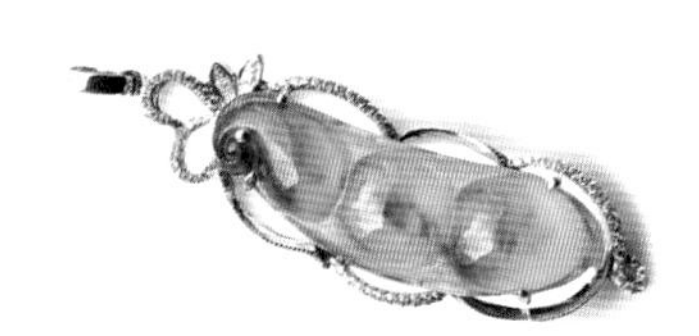

微量元素调节人体机能

我国自古以来就有“玉石之国”的美名，古人视玉如宝，作为珍饰佩用。古医书称“玉乃石之美者，味甘性平无毒”，并称玉是人体蓄养元气最充沛的物质。认为吮含玉石，借助唾液与其协同作用，“生津止渴，除胃中之热，平烦懑之所，滋心肺，润声喉，养毛发。”因而玉石不仅作为首饰、摆饰、装饰之用，还用于养生健体。自古各朝各代帝王嫔妃养生不离玉，而宋徽宗嗜玉成癖，杨贵妃含玉镇暑。

玉的养生机理已经被现代科学所证实。据化学分析，玉石含有多种对人体有益的微量元素，如锌、镁、铁、铜、硒、铬、锰、钴等，佩带玉石可使微量元素被人体皮肤吸收，活化细胞组织，提高人体的免疫功能。故有中医所说“有的病吃药不能医好，经常佩带玉器却治好病”，道理就在于此。倘佩带玉手镯长期的良性按摩，不仅能被动除视力模糊之疾，而且可以蓄元气，养精神。

玉石不但能美化人们的生活，陶冶性情，而且祛病保平安。其产品直接用于健身保健的有：玉枕、玉垫、健身球、按摩器、手杖、玉梳，对人体具有养颜、镇静、安神之疗效，长期使用，会使你精神焕发，延年益寿。

按摩作用

在日常的工作、生活中，佩戴在手腕上的翡翠手镯必然会产生一定的晃动或转动，在这些过程中翡翠手镯不断地碰撞或摩擦手腕上的皮肤，对手腕处的神经和血脉以及毛细血管都起到挤压和摩擦的作用。腕部的是人体血脉的末端，翡翠手镯的挤压作用可以起到挤压血液、减小心脏的作用。同时腕部富集神经和穴位，翡翠手镯晃动无疑是对腕部神经的最好按摩，可以起到安神、镇定、调失眠的作用。

冬暖夏凉

不少有佩戴翡翠饰品的人多会发现翡翠饰品具有冬暖夏凉的特点，这仅仅是一般的物理原理，并不能作为是否为翡翠饰品A货的判断依据。任何物质都有吸热和散热的功能，翡翠玉石也不例外。翡翠玉石的吸热和散热速度比一般金属都慢很多，因此在冬天里会发现佩戴过的翡翠饰品会很长时间都是温暖的，在夏天佩戴翡翠饰品时会感到是冰凉舒爽的。翡翠饰品冬暖夏凉的特点在一定程度上可以刺激人体神经，提高人体的活动肌能，起到提神、醒脑、明目的作用。

改善翡翠饰品的品质

人体皮肤会分泌油脂和汗渍，翡翠饰品在长期的佩戴过程中，人体的油脂和汗渍以及人体的有机物会逐渐渗透到翡翠肉质里，可以起到填充翡翠肉质微小间隙或者活化翡翠内部的白棉的作用。只要翡翠肉质的间隙不是很大（更不是裂纹或是裂痕），人体分泌的油脂和其他物质会提高翡翠的透光度，增加翡翠颜色在翡翠内部的扩散能力，在一定程度上提高了翡翠饰品的种水和颜色，改善了翡翠饰品的品质和外观。这就是人们常说的翡翠饰品越来越透、越来越绿的原因，也就是人们常说的“人养玉”。

修身养性

自古君子佩玉，儒家有“君子比德于玉”，“君子无故，玉不去身”的用玉观。孔子认为玉有五德：仁、义、智、勇、洁。古代，玉象征伦理道德观念中高尚的品德。其中的“君子”是泛指的翡翠玉石的佩戴者。现代人佩戴翡翠饰品除了传统理念的需求外更加注重身心的修养和内涵气质的提升。翡翠饰品剔除了宝石的璀璨和浮华，保留的是含蓄的柔和与温润，是东方人气质和魅力的象征。

点缀肌肤，提高身份

东方人是爱美的民族，佩戴者借助翡翠饰品优雅的颜色展示自己傲人而自信的肌肤，翡翠饰品的颜色很多。当翡翠饰品与体态巧妙结合的时候，翡翠饰品无疑起到画龙点睛的巧妙作用，是自然美与人体美的相柔和的至高境界，貌似体现的是人与自然的完美结合，实际上是含蓄气质的流露。当翡翠饰品的种水足够剔透，颜色更为艳丽的时候，其中的典雅和温柔会添加了庄重和高贵，已经在最大限度上提升了身份地位。

传承和发展东方文化

回顾历史，我们是观众，展望未来，我们是参与者。玉石文化是东方文明的一部分，翡翠饰品作为历史的载体走过了千秋，它既是历史的回顾，同时还是历史的未来。翡翠饰品承载着过去的文化，为人们带来了历史的文明，它的发展和未来依靠的是佩戴翡翠饰品的当代众人。也许佩戴翡翠饰品的您没有意识到这些，但是当你的佩戴和欣赏着手中的翡翠饰品的时候，您已经是玉石文化的传承者，是东方文明发展的功臣。历史的延续和发展需要翡翠佩戴者的参与，应该为自己感到骄傲和自豪。

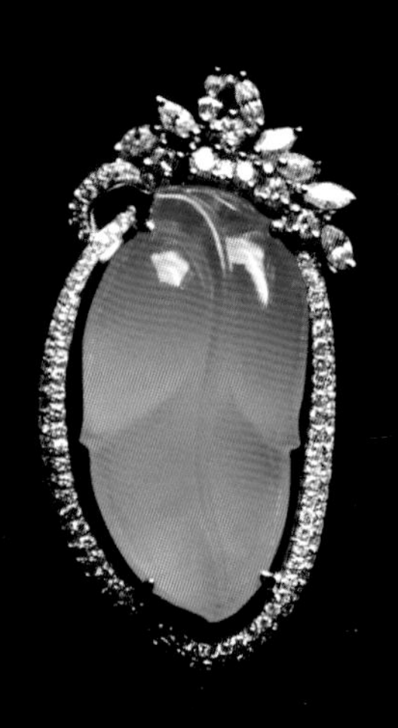

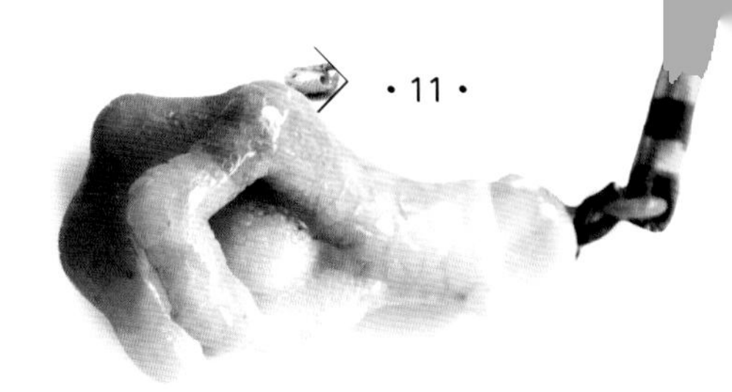

保值、增值

很多人都知道翡翠原料资源在急剧减少，翡翠的价值在不断提升。相比之下，中低档翡翠饰品的价格提升较小，但是高档翡翠饰品的价格升幅却非常大。在你欣赏和享受手上的翡翠饰品时，其不但起到保值作用，同时还在悄无声息地升值。

在繁荣安定社会里，许多人只要喜欢就可以花千百元、甚至上万元地去挑选翡翠饰品那已是平常事，谈不上什么奢侈之说，喜欢就是购买的动力，合适自己就是目标。许多爱好者就是为装扮自己有所出众去求个性化，去求别样化。翡翠原料天然形成，手工雕琢就形成了翡翠饰品的唯一性，正好符合现代人对个性化需求的追求；有人要送礼那么就挑件能表达你心思的翡翠饰件即可；有人要投资也可以找翡翠，在续股票、古玩，房地产等之后，它也成为投资的热门。为什么？这是由于翡翠资源日趋枯竭及不可再生的影响，在市场经济的规律中求的多供的少的物品就会以稀为贵，求的多供的少，特别是高档次的种、水、色完美的饰品只会一路上涨，今天买的，明天你就会感到便宜，这就是翡翠的增值空间；另外在历史上翡翠饰品就是收藏家收藏的重点，它可以作为一个民族的精神 财富和物质财富，是人类文明史中的一朵奇葩。

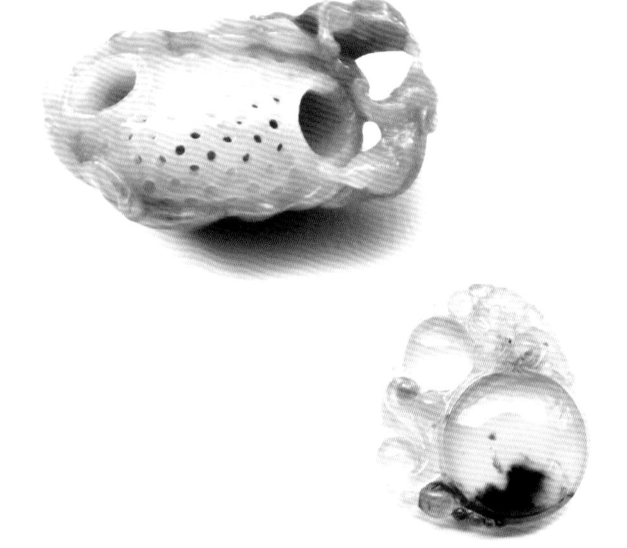

佩戴天然翡翠才能玉养人

在此提醒大家，购买玉石一定要谨慎，选不好还会影响健康。玉一般分为A、B、C三种货，“A货”是指翡翠玉，也叫“老玉”，是指除切磨抛光外，未经过任何人工改善处理的天然翡翠，颜色和透明度都为真。“B货”是注胶处理的翡翠玉，也叫“新玉”，它经过酸溶液浸泡，加入环氧树脂（水晶胶），去除杂质、杂色，以提高透明度、净度和原生绿色的艳度的翡翠，即颜色为真，透明度为假。“C货”是指染色处理的翡翠，也叫“新玉”，也就是说这种翡翠饰品艳丽的绿色是用人工方法进行着色处理的，即颜色为假的翡翠。“B+C货”是指注胶染色处理的翡翠玉，也叫“新玉”，即颜色为假，透明度为假。

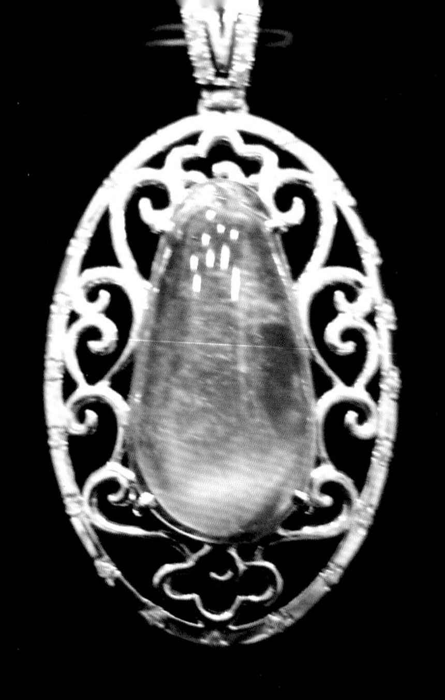

A货是天然玉石，其构成元素较为固定，一般对人体无害；B货、C货、B+C或仿古旧沁色玉其酸溶液残留，环氧树脂可能会对人体皮肤产生刺激性，人体接触后会患接触性皮炎，出现红肿、刺痛、瘙痒和脱皮等病征。皮肤较为敏感的人最有可能出现症状。

专家建议，为了健康和安全，最好戴不经化学处理的翡翠玉石。

戴翡翠有讲究

佩戴翡翠的规矩

避免与硬物碰撞。翡翠的硬度虽高，但是受碰撞后很容易裂，有时虽然用肉眼看不出有裂，其实翡翠表层内的分子结构已受破坏，有暗裂纹，这就大大损害其完美度和经济价值了。

尽可能避免灰尘。日常翡翠若有灰尘的话，宜用软毛刷清洁；若有污垢或油渍等附于翡翠表面，应以温淡的肥皂水刷洗，再用清水冲净。切忌用化学除油污剂液。

尽量避免与香水、化学剂液、肥皂和人体汗液接触。

佩戴翡翠挂件要用清洁、柔软的白布抹拭，不宜用染色布、纤维质硬的布料。这样有助保养和维持原质。

佩戴翡翠的禁忌

翡翠含有微量矿物质，所谓人养玉，玉养人，男女老少皆可带的翡翠，而且带久了对人体还有好处。但要注意B、C货表面做过化学处理，对皮肤不好。另外，款式造型也要注意，有几个比较大众的说法给你参考下。

首先，本命年不可带自己的生肖，会互冲。不可带不信之物，比如你信基督，便不可带佛，不可带碎裂之物，尤其是貔貅的屁股，那会漏了财气，有瑕疵不要紧，但不能是后天裂开的。

再者，适合佩戴也有不同。所谓男带观音女带佛，男人走的是官运亨通，女人需要的是阖家福气，需求不同，佩戴不同。带貔貅要面凶，这才震得住别人。带翡翠，讲究缘法，一定要自己一眼喜欢上的。

民间关于"戴玉"的传说

玉不要让别人摸；

玉不离身，换着戴，当装饰戴，是对玉的不尊重；

玉碎代表玉帮你挡灾，如果家里有鱼缸，就丢鱼缸里，水过之灾抵消血光之灾；

闲暇时反复抚摸所戴之玉，保一生富贵。

专家提醒：以上仅仅只是民间的一种说法，并无科学依据。

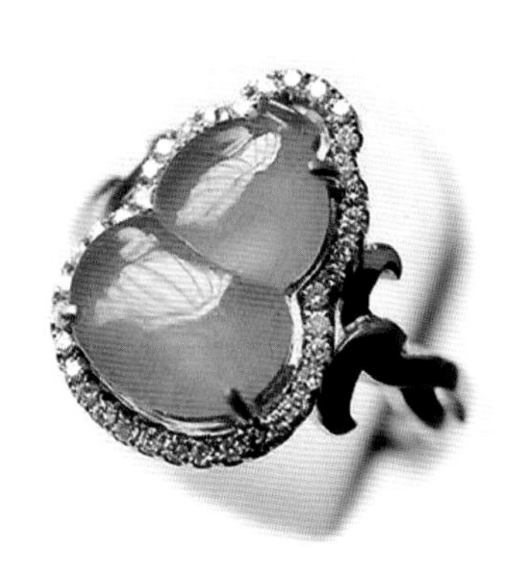

佩戴礼仪

要符合身份、场合

比方说，宾馆一服务员、商店售货员服务于顾客时，通常是不宜佩戴太多的珠宝的。否则会使自己显得缺乏“服务意识”，还有可能使客人在心理上感受到不平衡。职业女性大抵都不宜随意佩戴过多的珠宝，否则既影响自己及他人的工作。在西方国家里，未婚女子基本上都不戴珠宝类珠宝，尤其是不佩戴钻戒的，佩戴此类珠宝往往标志着自己是已婚妇女。

白天较普通的工作环境里，佩戴一些颜色素静、造型典雅简单的冷色系列宝石首饰，是较为适宜的，如蓝宝石吊坠、紫晶戒指等。普通家居、办公场合翡翠饰品不宜过多，一两件足以令你与众不同。在朋友聚会、庆典或正式的餐会、晚宴，可以配以适当件数的翡翠套件，像三件套给人的感觉是充实、丰富。四件套和五件套这类翡翠首饰的件数较多，它的特点是豪华、气派大。

当然，剧烈的运动场合不适宜戴手镯与翠珠项链。

要扬长避短

珠宝的选择与佩戴需要首先正视佩戴者的自身条件。必须优先考虑一下：它是否适合于自己，是否可以为自己扬长避短，溢美藏拙自己确认项部长得比较“优秀”，那么戴上一条造型独特的项链，便可以为自己“扬长”。腰部过粗，则万不可佩戴腰饰，而选戴一枚做工精美的胸针或胸花，从而提升他人的视线，使之忽略自己的“粗腰”。佩戴戒指、足链之前，应想到的是自己的手指、脚腕长得美不美。美才可以佩戴，免得他人的视线在被戒指、足链吸引时，反而“发现”了自己的短处。

手部的皮肤偏黑，佩戴戒指时应该特别注意色彩的搭配与协调。黑里透红的皮肤，如果戴镶有绿宝石的戒指，就会形成色彩上的明显对比而略显俗气。如果戴红宝石、黄色宝石等暖色调镶宝戒，容易在弱对比下形成和谐。金色和银色的戒指，对于皮肤偏黑的手也比较合适。

皮肤质地较粗糙，不宜佩戴精巧细致的戒指。刻花闪光戒、镶嵌小宝石的戒指、线条简洁的方戒等，可以减弱皮肤的粗糙感。

要以少为佳

珠宝最多不超过3个品种，不然就显得眼花缭乱，平时佩戴珠宝时，种类还是件数，都愈少愈好。曾有人一只手上戴多枚戒指，耳朵上戴多种耳饰，弄得无主无次，实为不当。

要同质同色

所谓同质，就是要求同时佩戴的多件珠宝的质地应当全部或部分的相同。如，同时戴戒指、耳环、项链“三件套”，应同为黄金的或铂金的；它们若是珠宝镶嵌的，则其镶嵌物或托架亦应质地一致。所谓同色，就是要求同时佩戴的多件首饰在色彩上应当完全一致或者主色调保持一致。如，几件珠宝同为金色或同为银色或白色，或者翡翠珠宝的镶嵌物同为红色、蓝色或绿色等。

要比照成规

珠宝佩戴的成规分为两类。其一是民俗方面的，在一些国家，戴于左手无名指的，一般都是表明佩戴者“已婚”。其二，则是属于珠宝搭配、佩带技巧方面的。例如，黄金饰品适于天冷时佩戴，白金、白银饰品适于暖和时佩戴。女士结婚时所选的首饰，应选戴代表“纯洁”的白金、钻石、珍珠等质地的。参加葬礼时，除珍珠珠宝外，不宜佩戴其他任何珠宝。胸针与外戴的中长项链、长且下垂耳环不应同时佩戴以免造成局部混乱。

翡翠首饰的搭配技巧

许多人在购买翡翠时常有一个顾虑，那就是翡翠与服装搭配的问题。一些人认为翡翠只有和中式服装搭配在一起才好看，除此之外都不和谐。其实不然，只要搭配和谐，都可以起到一种锦上添花甚至画龙点睛的效果。

简洁的长裙，配以翡翠玉佩，清新典雅之中，尤为娇媚动人。

牛仔或全棉质地的衣裤、T 恤运动系列，配一款清新的翡翠手镯，活泼俏皮中还会隐隐透出纯真的韵味。

柔软细腻的羊绒衫配上别致的翡翠吊坠，尽显都市白领的时尚和文化气息。

职业套装上构思巧妙、图案新颖的翡翠胸针，端庄娴静中又显现出气韵超凡。

得体的中式服装配以传统造型的翡翠首饰，可以使人产生与东方文化浑然天成的整体美。

以晚装出席聚会时，豪华的翡翠镶钻石套装首饰，会使人尽显雍容华贵。

最后我们还要注意颜色的搭配。白色服装与翡翠是最佳组合，这样的搭配可以更加突出服装的圣洁与翡翠的艳丽。淡雅之色可衬托翡翠的内涵。浓艳的服装适宜小件的翡翠精品。

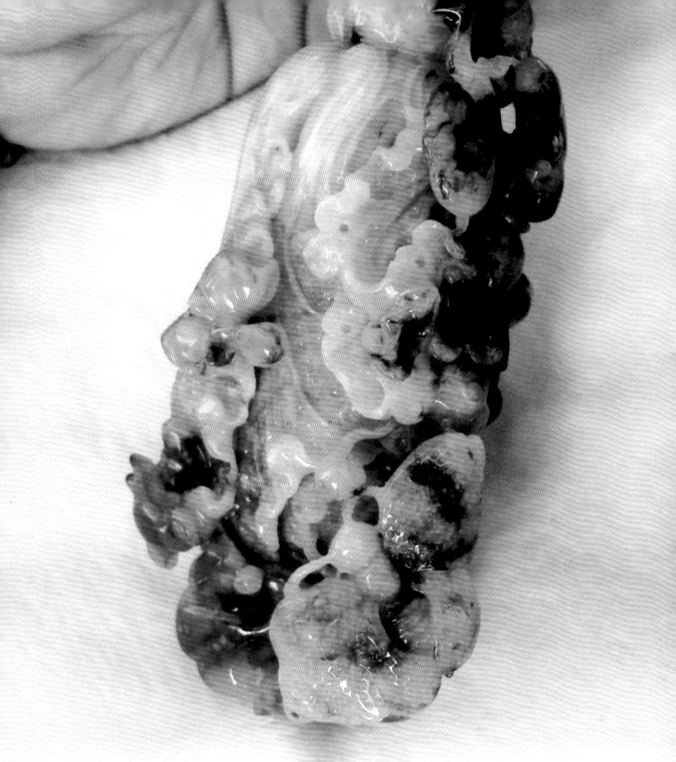

男士的佩戴也有技巧，如果佩戴协调，将能充分体现潇洒的男性美。

“少而精”是男性佩戴首饰的主导意识，也是区别于女性佩戴的主要原则。

如果您以一身高档的西装配以精致的翡翠领带夹或戒指，将会尽显您内敛高贵的气质。

同色系搭配概念中，服装若与翡翠首饰的颜色相同或相近，以苹果绿浅绿为宜，且款式应简单。在实践搭配中，对比色系因人而异，一般都会有强烈的视觉美感。

翡翠饰品佩戴与肤色搭配

由于肤色、发色和眼睛颜色的差异，世界各民族对翡翠珠宝首饰的选择是不同的。如金发碧眼的白种人，适合用浅色调的暖色宝石，如粉红色的石榴石和芙蓉石，因其可使皮肤增加红晕，使之富有生机和活力。黑发、黑瞳孔的东方黄种人宜佩戴暖色调的珠宝首饰。可选用红、橘黄、米黄色的宝石，如红宝石、石榴石和黄色翡翠吊坠等，可以使人的面部色彩宜人。肤色红颜的人，可选用浅绿、墨翠等色的珠宝首饰，以衬托出活力。但不宜佩戴大红、大紫或亮蓝色的宝石，以免将脸色衬托得发紫。黑肤色的人不宜佩戴白色或粉色宝石，以免对比强烈而使皮肤显的更黑。但适用茶晶、黄玉等中间色调的宝石，可以起到淡化皮肤的良好作用。

选择适合您的翡翠颜色

翡翠的颜色，通常是几种颜色集中在一块，有主调，也有不同颜色，色彩搭配出的不同效果。基本上是通过反差来表达感情的，通过对比才能显现斑斓夺目，雍容华贵，通过颜色纯度上的对比才能表现含蓄与稳重。总的说来，讲究是选择自己喜欢的颜色来表达自己的真实感情，凭自己的感觉和验证，想象力和文化修养，避开不贴切的搭配，即使是模仿和学样，也不能离开自身的各种条件。尽管现代讲究没有固定的模式，但也不能过分标新立异，脱离了现代文化的审美习惯。

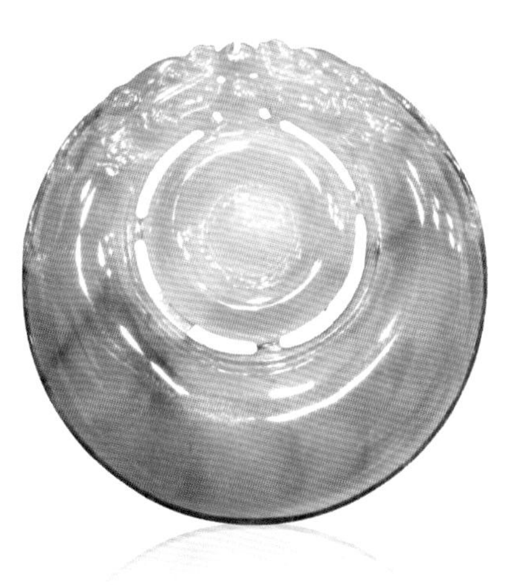

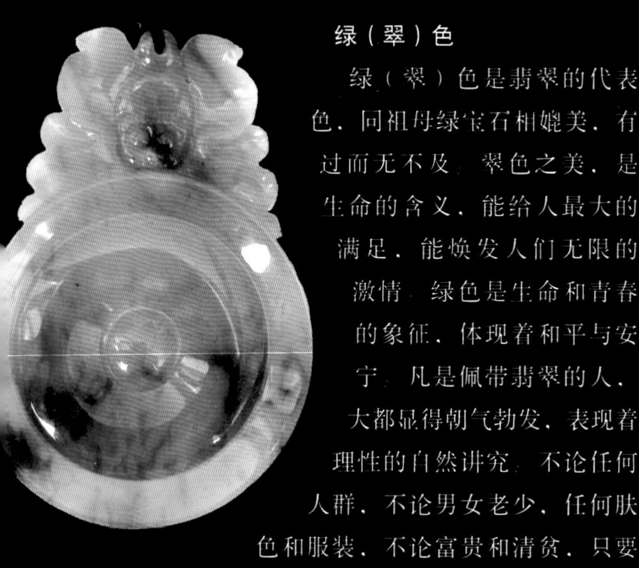

绿（翠）色

绿（翠）色是翡翠的代表色，同祖母绿宝石相媲美，有过而无不及。翠色之美，是生命的含义，能给人最大的满足，能焕发人们无限的激情。绿色是生命和青春的象征，体现着和平与安宁。凡是佩带翡翠的人，大都显得朝气勃发，表现着理性的自然讲究。不论任何人群，不论男女老少，任何肤色和服装，不论富贵和清贫，只要佩带着翡翠，都是珍惜生命，热爱生活的人。他们一般都能心情坚强，信念不移，个性开朗，才思敏捷；翡翠突出自己的大智大勇和超凡脱俗。

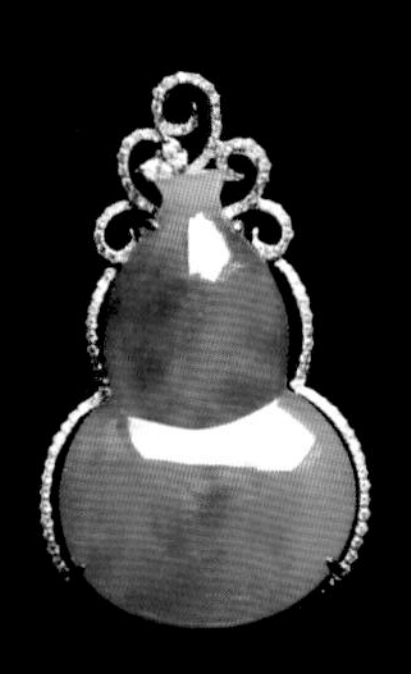

红色

翡翠的红色，象征着爱和热，大多倾向黄红色或褐红色，少有鲜红和血红色，常在饰品中起画龙点睛的作用。若能与绿色同时在一起，其效果就大有改观，价值也就格外珍贵。无论是何种红色，依然是一种强烈的色彩，能够引起人兴奋和冲动，使人感觉力量的存在。佩带红色翡翠的人，表明了健康向上、活力充沛、热情而有希望。若与蓝色相配，火火的感觉更是分外突出。

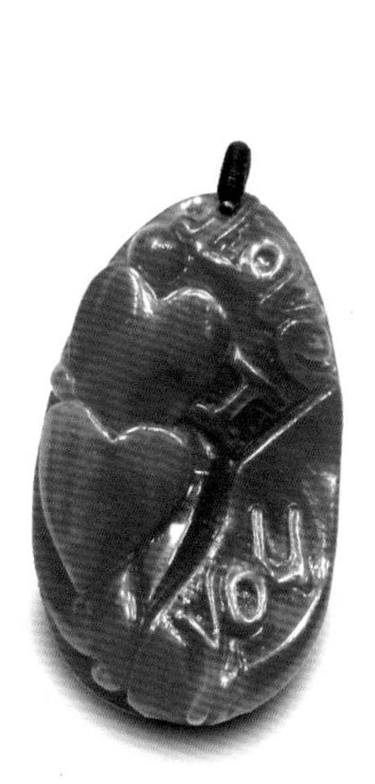

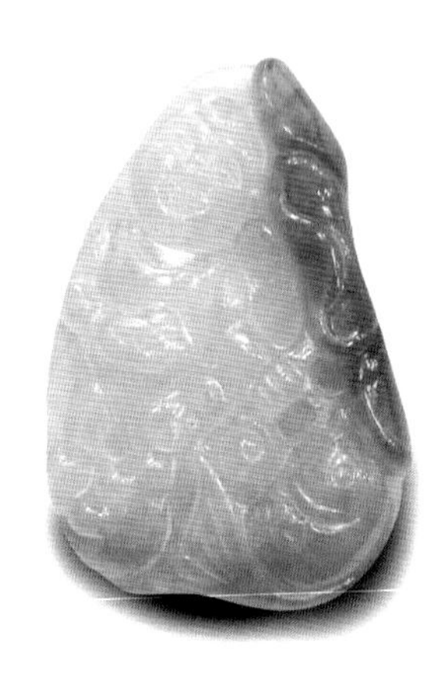

黄色

翡翠的黄色，象征着光辉灿烂，常为蜜黄色或褐色。黄色代表着权力和财富，是一种骄傲的颜色，佩带黄色翡翠的人，都洋溢着光明与快活，表现出智慧与温和。若能与紫色或黑色，相互衬托，光亮强度就会显现出一种扩张和希望。不宜与白色或粉红色搭配，会缺乏生气，显得平淡无力。

橙色

翡翠的橙色，实际上是红色与黄的混合颜色，是仅次于红色的温暖颜色，给人的感觉是欢快与活泼，象征着丰收与富足、华美与幸福。一般稳重而含蓄的饰者喜欢佩带橙色翡翠。与白色服装和白皙肤色搭配，显得流畅明快。特别是与蓝色搭配，将会产生异常快乐浓厚的视觉效果。忌搭配黑色、会使活泼的橙色变的黯淡。

紫（春）色

翡翠的紫色，其表现的是神秘和鼓舞。无论是紫红色或紫蓝色，都不宜深沉和浓厚，适当的淡化最能显现淡丽和典雅、其优美的晕色使人感到十分可爱和陶醉。紫色翡翠象征高贵和财富。偏深色的紫花翡翠，比较适合成熟的中年女性，而浅淡的紫色翡翠最宜少女或年轻女性。对于女性而言，紫色翡翠的寓意在于暗示忠诚、表明友爱和贞操。

白色

翡翠的白色，从油亮的奶白到透亮的水白色，层次多样，倾向丰富，是翡翠中常见的基本颜色。从色性看，白色是一种对应色，充满无尽的可能，给人神圣而虚幻的感觉，特别是与黑色在一起时，显得很抽象，超过任何颜色的深度，两者之间的相配十分引人注目，黑白分明，反差对比很强烈。翡翠的白色与绿色翠色相配，也是最佳的反差衬托，绿白分明，格外醒目。白色最适宜天真可爱的儿童使用，能把孩子们纯净活泼的天性表现得十分完美。也适宜年轻人显示青春纯洁。

黑色

翡翠的黑色，实际上都是较深的绿色，通过透光照射，就能看得出来。黑色内含的是青色和空无，是不可超越的一种虚幻精神。黑色最适宜理智或成熟的人佩带。如果饰用得当，皮肤白皙的女性会显得格外洁丽，高大结实的人会显得健美和修长，青年女性饰品用会显得格外妩媚，更显得成熟，魅力动人。但老年饰用黑色饰品会显得老迈，少女用会失去童雅和稚气，体态矮胖的人饰用会失去活泼与朝气，显现拘谨和呆滞。黑色是烈性的，最不适与蓝色、深绿色、褐色搭配。最理想的搭配是白色，代表着色彩世界的阴极和阳极，主宰着颜色变换，其自身的力量十分厚重。

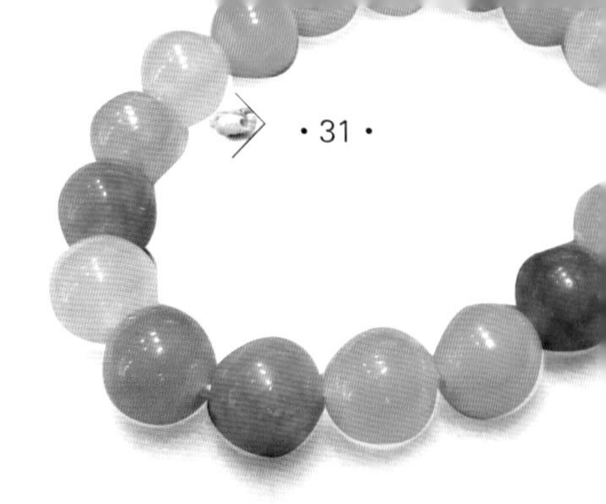

选择适合你的翡翠饰品

手镯、手链

宽厚的手镯显得大气，细圆的手镯显得秀气。

穿休闲服、牛仔裤配红色、黄色、紫色、花色的手镯显得时尚、自然。

穿正装时装配无色或单色的手镯显得有气质。

夏天戴花色手镯或手链显得年轻，女孩显得有灵气。

中年女士宜戴宽厚的花色手镯，能将财气、祥气、福气汇聚一身。

耳环、耳坠

方脸、圆脸的女孩适合戴耳环。

椭圆脸、蛋形脸的女孩适合戴耳坠。

时尚的男人戴上一只耳环会有特酷的感觉。

耳环、耳坠的翡翠颜色应和衣服颜色相配。

项链、胸针

项链上翡翠的大小应和身材、衣领相配。

项链的长短应根据领口的高低调节。

穿时装、晚装时佩戴K金的翡翠项链能体现高贵气质。

秋冬时把翡翠项链佩戴在毛衣外，显得有活力、有朝气。

男士在西服上，女士在西服、晚装上佩戴胸针，能体现高雅，尊贵的品位。

戒指、戒面

年轻的男士、女孩配细圆的翡翠戒指，有一种随缘清新的感觉。

年轻的男士佩戴镶长方型戒面的K金戒指，显得果断，有成就。

年轻的女士佩戴镶紫色、红色或绿色小粒翡翠的K金戒指，更能展示肌肤的柔美。

中年男士和女士，佩戴的镶蛋形戒石的镶K金戒指，显得雍容华贵，福禄双全。

糯冰种阳绿缅甸翡翠A货镶白金戒指（真钻）

翡翠的其他饰品

女孩将胸针别在帽子上，更加神彩飞扬。

手机上挂上翡翠坠子，能改变手机单调的外观。

在时装上系上翡翠腰佩，能令时装更加飘逸。

在装潢一新的客厅或书房摆上一两件翡翠工艺品，能体现主人的艺术熏陶和富足。

选择适合你的翡翠手镯

在各种各样的玉器饰品中，玉手镯是最常见、适用面最广，深受消费者青睐的装饰品。生活中，青壮年、小孩、老人都可以戴手镯。根据自己的手型，手腕的粗细来选择尺寸大小相宜的手镯，这是每个人都注意到的，也不难做到的事。消费者在购买玉手镯前，除了要考虑手镯的质量高低(包括色、种、水、底、瑕疵等因素)、尺寸大小外，还应充分考虑到手镯的风格、式样须与自己的年龄、性格、职业等因素相适宜。这样，才能做到人与物的和谐统一，使物有所值，物得其主，人更精神。

翡翠手镯因其形状简单，市场中最常见的：

传统、大方型——传统工艺制作的圆形、粗圆条手镯，用料低、中、高档皆有，相当一部分为缅甸、云南等地加工。戴上后给人一种端庄、大方、

成熟的感觉，一般适合于性格稳健、持重，家境康宁的中、老年妇女使用。

时尚、靓丽型——多为广东、广西等地制作，用料低、中、高档皆有，而以中档偏高的料为多。圆形扁圈条或圆形细圆圈条。戴上后给人一种富有青春朝气、灵丽、明快的感觉，颇具现代感、时尚感，多适合于年轻人、中年人使用。

高雅、别致型——多为广东、台湾等地加工，用料以中、高档居多。椭圆形、扁圈条。戴椭圆扁圈条手镯给人一种高雅、秀美、别致和有涵养的感觉，通常适合于文化层次较高、性格文雅的中、青年女性使用。

富丽、豪华型——多为港、台、广东等地加

工，用料中至高档。圆形、椭圆形均有，扁或圆圈条，常见手镯外围雕花，雕吉祥图案或福、寿、龙、凤等图案、字形，戴上这种手镯有一种富贵、豪华、精美的气派。典型的富贵、豪华型的手镯有“三色镯”和“四色镯”。三色镯是指在同一只翡翠手镯上，具有3种不同的颜色。三色镯又分为两种情况：第一种是由紫罗兰(或红翡)、翠绿色和白色组成，人们称之为“福禄寿”；第二种是由白色、红色和黑色3种颜色组成，被人们称为“刘关张”。四色镯是在同一只翡翠手镯上，具有紫(椿)、绿、白和红(翡)4种颜色，在民间这4种颜色分别寄意“福禄寿禧”。据说，能戴上这种罕见的翡翠手镯的人是幸福美满的。因此，一只同时具有四种颜色，且种、水俱佳的翡翠手镯，其售价可高达几十万元甚至几千万元。另外，如果一只手镯上具有五种以上的漂亮颜色，则称为“五彩镯”，“五彩镯”非常难得且更加富丽昂贵。富丽豪华型的手镯，通常适合于中年以上的、富有阶层的女士使用。富丽豪华型手镯还是珠宝收藏家的首选物品。

市场中还有其他形状的手镯，方圆形手镯、内圆而外呈多角形手镯等。但这些形状的手镯属特形手镯，因人而异，各有所好，难有固定的准则。但所购之物应与自己的年龄、性格、职业等情况相协调、相符合，才能产生美的效果。

各种翡翠饰品的戴法

翡翠手镯应该怎样戴

翡翠手镯应该戴哪只手呢?

翡翠手镯集合天地之灵气，不仅是东方人心灵和思想的寄托，而且能为众多女性带来自尊和魅力，因此作为佩戴者的您，应该善待自己的翡翠手镯，无论高低，无论贵贱，人养玉，玉养人，越来越多的人喜欢佩戴翡翠手镯，因为它不仅仅包含着天地灵气，同时对自己的身体和心灵都有益处。那么怎么佩戴玉手镯呢，翡翠手镯戴哪只手，有没有什么讲究呢?

有人说戴左手，有人说是戴右手，其实不管是左还是右，都有其相应的理由。戴翡翠手镯的好处是众所周知的，不同的戴法有不同的效果，不同的

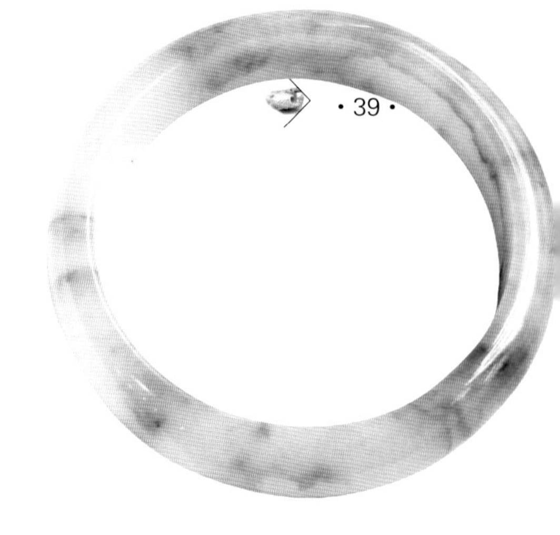

戴法所体现佩戴者的心态和理念都是不一样的。有些人传承传统的习俗，有些人却标新立异，强调唯美主义，我行我素。戴翡翠手镯的讲究虽然不少，但不管形式如何，佩戴方法如何，最终都能达到佩戴者所追求的效果，完成翡翠手镯存在的意义和使命。

翡翠手镯戴左手——传统戴法

传统理解中，翡翠手镯是心与心的沟通，于此同时，玉石对心脏具有平心除躁之功效，左手离心脏最近，因此多为佩戴于左手。佛学认为人的左手为净手，右手为污手，翡翠手镯汇聚天地之灵气，为了免于玷污翡翠手镯，一般人会把翡翠手镯戴于左手。右手是主要从事劳动的手，如果佩戴于右手，会很容易磕碰、摩花或损坏翡翠手镯，从翡翠手镯的保养角度出发，翡翠手镯一般佩戴在左手。

翡翠手镯随意带——随意佩戴法

随着时代的进步和观念的改变，虽然原有的

传统思想或习俗依然得以保留，但很多女性的思想追求已经发生了质的飞跃，在尊重和推崇东方传统文化的同时，不断追求新的理念和审美观点。很多时候会更注重自己个人的感受，讲究个性化和品位化，对于翡翠手镯佩戴于左手还是右手似乎不必过多地考虑。也许今天戴在左手，可能明天会戴在右手，只要感觉好，她们可以随意变化。这是文化和思想的发展、进化，我们没必要质疑或指责，相反应该尊重和理解。有些经验丰富的佩戴者甚至会有这样的感受，经常更换左右手来佩戴，两只手都可以得到放松，两只手都得到按摩。

多个翡翠手镯同时戴——时尚戴法

不少佩戴的不是一只翡翠手镯，而是两只，两只手都戴上手镯，这是非常之人，要么是艺术，要么生活很悠闲。所以有人说：富贵之人戴双镯。甚至是三只、四只。有时是左手一只，右手一只，有时是一只手同时戴两只。有人说只有两只翡翠手镯时，一般左右手各戴一只。又有人说，如果戴三只，就应都戴在左手上，不可以一手戴一只，另一手戴两只。也许众说纷纭，但是对于现代的女性来说，应该寻求的是思想和灵魂的解放，力求自我思想和魅力的充分体现，而不再是根固于所谓的传统。女性存在于世间就已经不容易，为何让更多的东西禁锢自己，为何不能标新立异、自我主张呢？

只要您喜欢，你爱怎么戴就怎么戴，人民币是你的，翡翠手镯是你的。当然了，话虽这样说，在佩戴时应该注意翡翠手镯的保养，尽量避免翡翠手镯间的磕碰，避免翡翠手镯与其他硬物的磕碰。

其实还可以从佛教文化、中医理论、传统文化、人体结构等几个方面来理解翡翠手镯戴在哪个手的说法。

佛教文化的理解

佛学理论中，人的左手是净手，右手是浊手。人类主要使用右手从事工作，包括佛教忌讳的杀生、放火、污秽等工作，因此右手是污秽、邪恶之手，会不定期地把污浊的能量从这里释放出去。而左手不杀生、不污秽，属于净手，洁净的能量要从这里吸收进来。这就是佛学理论中的“左进右出”，所以翡翠手镯就应该戴在左手，意在吸取凡世间干净、纯洁的精神和力量，以纯净我们的肉体和灵魂。反之，主要使用左手从事劳动的人就应该把翡翠手镯戴在右手。

从中医理论来理解

中医认为，翡翠玉石性属寒，对经络、血肉具有镇定、稳压的功效，因此佩戴翡翠手镯的好处很多，特别是对于糖尿病，高血压或低血压的患者。另外翡翠的镇定、稳压作用还可以对心脏起到平衡心率，消除烦躁，安心定神的作用。心脏位于人体的左胸腔，如果翡翠手镯戴在左手，那么它离心脏的距离最近，并且接触心脏的概率最大，所以，中医角度认为，翡翠手镯应该戴在左手。

从传统文化来理解

翡翠手镯多为女性佩戴，不管年龄大与小，在母亲眼里，她永远是女儿，永远都会是母亲的心中血和心头肉。翡翠手镯戴于左手，离心脏最近，是心与翡翠手镯最佳的沟通与融合。在东方文化传统中，翡翠手镯是一种寄托，是心灵与心灵之间的沟通，是母女情怀的衔接之物，也是女性对下一代女儿的希望所在。因此，懂得诠释东方文化中的儿女情长的女性一般都会把翡翠手镯佩戴于左手。

从身体结构来理解

左手的工作量不大，对翡翠手镯产生的危险性也小。 在长期的生产劳动中，右手手掌的肌肉和筋骨都会比左手的大，如果要把翡翠手镯戴如右手是比较困难的，因此大部分女性会把翡翠手镯戴于左手。

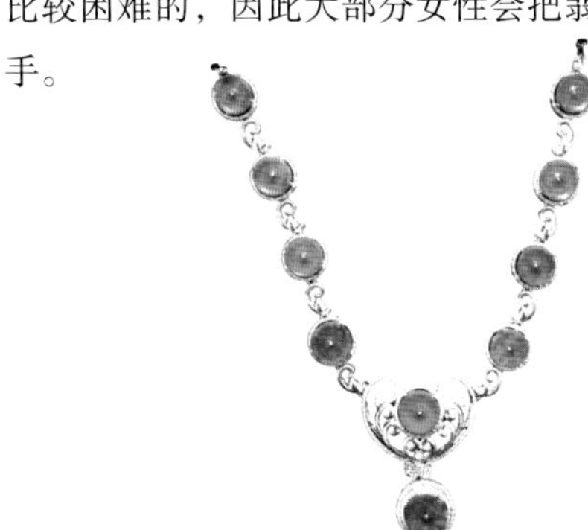

翡翠项链应该怎样戴

戴项链应和自己的年龄及体型协调。如脖子细长的女士佩戴仿丝链，更显玲珑娇美；马鞭链粗实成熟，适合年龄较大的妇女选用。佩戴项链也应和服装相呼应。例如：身着柔软、飘逸的丝绸衣衫裙时，宜佩戴精致、细巧的项链，显得妩媚动人；穿单色或素色服装时，宜佩戴色泽鲜明的项链。这样，在首饰的点缀下，服装色彩可显得丰富、活跃。

佩戴项链的注意事项：佩戴翡翠还要注意场合，在普通家居、办公室等场合，翡翠饰品不宜过多，一两件足以让您与众不同；出席朋友聚会庆典或正式的晚宴等场合，可以配搭适当件数的翡翠套件，让宾朋感觉高贵涵养；在运动场、健身房等场合做剧烈运动时，不宜佩戴手镯和翡翠项链。无论你是年长者亦或年轻人，喜爱佩戴翡翠，都应该根据自身特点、服装、场合和心情来精心选择翡翠首

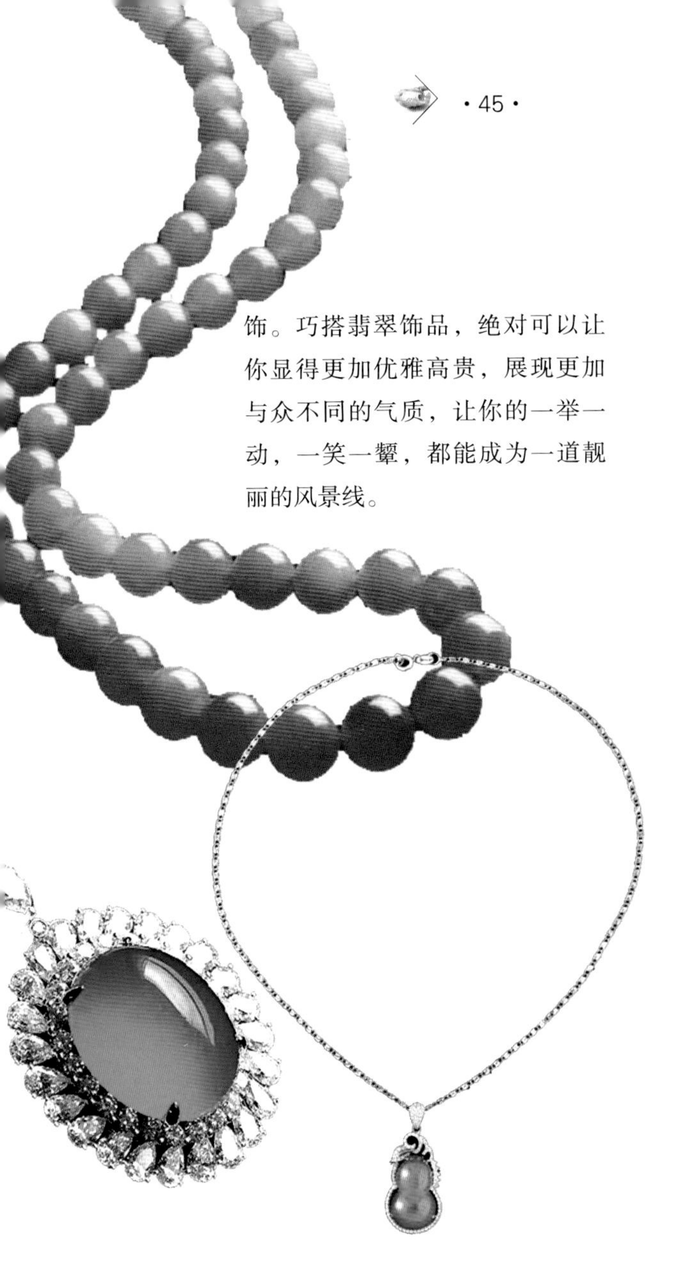

饰。巧搭翡翠饰品，绝对可以让你显得更加优雅高贵，展现更加与众不同的气质，让你的一举一动，一笑一颦，都能成为一道靓丽的风景线。

男戴观音女戴佛

在选购翡翠的时候，有时候要根据男士和女士作出不同的佩戴选择，例如就以选购翡翠挂件观音和佛来说，男士应该选择观音而女士应该选择佛，这就是“男戴观音女戴佛”说法。

佛教是人类文明中珍贵的精华，对东方文化，及人类文明，有深远的影响。佛教提出人人要平心静虑，快乐不在外界，幸福在自我心中，唯有透过静思熟虑，少欲知足，舍己为人，自己才能快乐，一切苦恼才会熄灭。现如今在选购翡翠时男戴观音女戴佛就是从佛教的哲学考虑的。

身为女子，世事烦扰，难免愁肠百结，佛的宽容、大度、静默正可化解种种愁绪。因此，女士佩戴翡翠佛，可促使自己平心静气，豁达心胸，静观世事起伏，笑看风起云涌。而佛中女士多带弥勒佛，是让女士少一些嫉妒和小心眼，少说点是非，多一些宽容，要像弥勒菩萨一样肚量广大，自然得佛的保佑而快乐自在。

佛典相传观音菩萨可以救助世上的一切痛苦和困厄。观音菩萨能急人所急，难人所难，随时解

救困厄的人。观音可以现出三十三应身，能把人渡往幸福的彼岸观音菩萨救人是不图回报的。观音是中国数千年来慈善与救赎的化身，是真善美的代名词。观音心性柔和，仪态端庄，因此男士佩戴翡翠观音，可消弥暴戾，远离是非，世事洞明，永保平安，消灾解难，远离祸害。男士多带观音，是让自身少一些残忍和暴力，多一些像观音一样的慈悲与柔和，自然就得观音保佑平安如意。

翡翠戒指应该怎样佩戴

翡翠戒指在早期的中国，是一种带有欺辱女性的意思，后来经过历时的演化之后，翡翠戒指反而变成了订婚、或者是象征两颗心永不改变的契约。我们在佩戴翡翠戒指的时候，一定要根据自身的情感情况，合理的佩戴，不然会让人笑话。

食指的戒指要有特性：食指是最灵活、最常用的手指，常给人指引方向，它的边面也表露在外，因而戴在食指上的戒指比较显眼，所以必须选择有特征造型的戒指。

中指的戒指要有重量：中指是人手除拇指外力

气最大、最长、最为显眼的手指，中指能带给你灵感。比较适合选用造型别致尤其是对称形的戒指。

无名指的戒指要优雅：无名指给人一种纤细温顺、很有女性味的感觉，因而小而精巧的翡翠戒指会更适合。无名指适合戴正统造型的戒指，能突显其美感。

小拇指的戒指要自由。小指意味着时机，在五个手指中它最细微而且在最外侧。它适合戴无拘无束、奢华造型的戒指。由于小指给人女性化的感觉，也适合可爱、秀气的戒指。

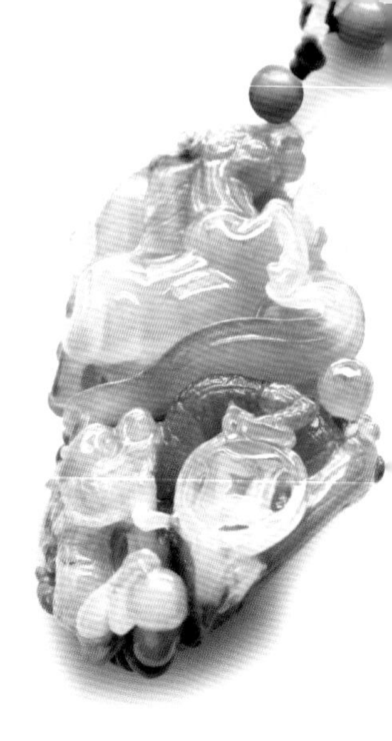

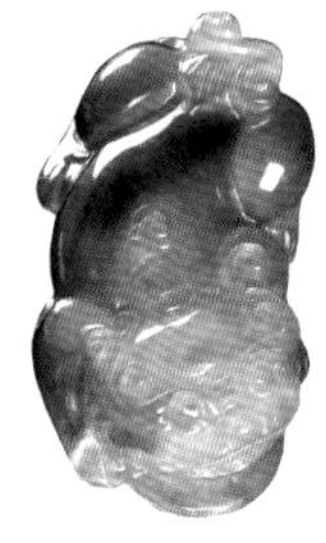

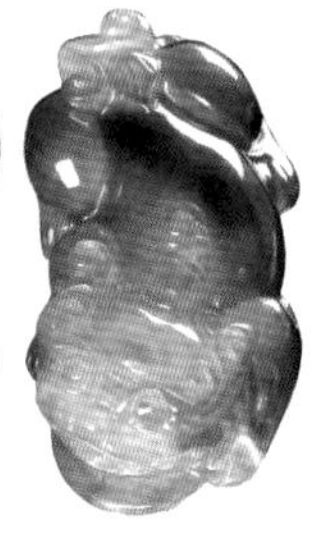

翡翠貔貅应该怎样佩戴

貔貅是古代传说中的一种神兽，古书上说的一种凶猛的瑞兽。貔貅是以财为食的，纳食四方之财。中国传统是有“貔貅”的习俗，和龙狮一样，有将这地方的邪气赶走、带来欢乐及好运的作用。佩戴貔貅能给来财富，貔貅吊坠不仅是很好的装饰饰品，还能开启人的财运，于是兴高采烈的买回来一个，买回来后却发愁了，不知道该怎么戴，然而貔貅吊坠究竟是怎么戴，佩戴貔貅吊坠应该注意什么呢？

佩戴方法

首先你要明白你佩戴貔貅吊坠是为了财运的，财在貔貅的口上，尽量不要让貔貅的嘴见光，以免财流失，更不要用你的手去抚摸貔貅的嘴和眼睛。如果无意抚摸了，应马上用清水清洗，以免污垢留在貔貅吊坠上面，影响貔貅吊坠的灵性。貔貅吊坠尽量戴在衣服里面，戴的时候貔貅头不要朝外。貔貅吊坠是有灵性的，你对它好，自然它才会用它的方式报答你。所以，每天晚上临睡前，尽量将貔貅吊坠取下来清洗，洗净貔貅吊坠上面的灰尘，让貔貅吊坠尽量保持洁净。清洗的时候最好用清水，将貔貅吊坠泡在清水里即可。

貔貅有镇宅辟邪的作用。将已开光的貔貅安放在家中，可令家运转好，好运加强，赶走邪气，有镇宅之功效，成为家中的守护神，保阖家平安。

貔貅有趋财旺财的作用。除助偏财之外，对正财也有帮助，所以做生意的商人也宜安放貔貅在公司或家中。

手腕玉貔貅佩戴的禁忌：男左女右;头部可朝外，其意思就是招财，屁股朝里就是守财，佩戴金镶玉的观音和貔貅没有冲突，观音是保平安，貔貅是守财，两个象征的意思不同，所以互不冲突，以下是佩戴貔貅的禁忌：

如请得道高僧给貔貅开光，切忌：

貔貅饰物之忌讳：有很多人给自己佩带的貔貅之上加点饰物，如金珠等。金珠不要过大，一般直径不超过半厘米，重量不要超过一克。因为，饰物一般都是戴在貔貅的头顶上方，如果过大，会遮住貔貅的眼睛，使它无法看到其他事物，也无法感应到其他财气之所在。

忌带貔貅的场所：貔貅忌光。一般在阳光，灯光强烈的地方不要佩带貔貅。如烈日当头的空旷场所，灯光四射的歌舞厅等。镜子也会产生光煞，切记不要把貔貅对着镜子。另外，经常看电视和玩电脑的朋友，在看电视和玩电脑的时候不要佩带貔貅，因为屏幕会产生极强的光线，如离貔貅太近，貔貅忌讳。

貔貅佩带之后切忌讳经常取下：貔貅乃通灵神物，极晓人性，如经常取戴会使貔貅与自己日益生疏，而貔貅也会因此觉得主人不够善待自己而变的懒散。所以貔貅佩带后，不要轻易取下。

翡翠的保养

翡翠首饰是高档的珠宝首饰，要保持翡翠的长久光泽和色彩，需要您对它认真保养。

佩带和收藏翡翠的人士应该小心勿碰撞跌下翡翠件。有时表面看上似无损，但实际上经过碰撞，翡翠的内部结构已经受到损坏，而生暗纹。

翡翠很忌讳油烟油腻。如果是保值的高档货，就不益佩带着进厨房煮食。

翡翠亦不适合接近高温，更不可久晒。因为长期如此，容易产生物理变化而失去光泽，没有那么鲜亮。

翡翠也不可接触强酸溶液，那样会破坏翡翠的结构和颜色。条件许可的话，经常用软布擦拭翡翠，可以使首饰保持长久的亮丽。

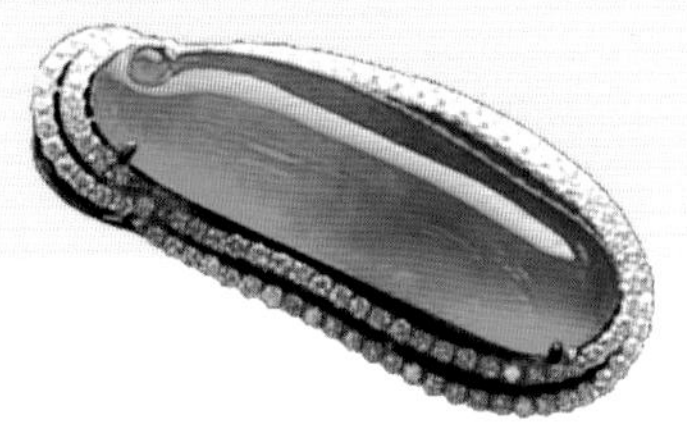

日常保养

（1）避免与硬物碰撞：玉石的硬度虽高，但是受碰撞后很容易裂，有时虽然肉眼看不出裂，其实玉表层内的分子结构已受破坏，有暗裂纹，这就大大损害其完美度和经济价值。

（2）玉器要避免阳光的曝晒：因为强烈的阳光，会使玉石分子体积增大，从而影响到玉的质地和色泽。

（3）忌化学剂：随着社会生活的进步发展，在日常生活中，使用的化学物品越来越多，这些化学剂会给玉石带来一定的损伤，例如各样洗洁剂、肥皂、杀虫剂、化妆品、香水、美发剂等如若不小心沾上，应及时抹除后清洗，不要让它对玉石产生损伤。

（4）尽可能避免灰尘、油污：日常玉器若有灰尘或油污的话，宜用软毛刷（牙刷）清洁；若有污垢或油渍等附于玉面，应以淡肥皂水刷洗，再用清水冲净。

（5）新购玉件一般也应在清水中浸泡几小时后，用软毛刷（牙刷）清洁，然后用干净的棉布擦干再佩带。

（6）佩挂件最好用清洁、柔软的白布抹拭，不宜用染色布、纤维质硬的布料。

（7）定期清洗：玉件一般隔一段时间要进行一次清洗，按上述方法清洗后要干布擦拭至有光泽即可。

（8）玉佩等悬吊饰物，要注意系绳是否牢固：应经常检查系绳，每1～2年要更换系绳，防止丢失或损伤心爱的宝物。

（9）经常佩带：不要将翡翠首饰长期放在箱里，时间久了翡翠首饰也会“失水”变干，最好要经常佩带。

翡翠的化学性质稳定，因此保养相对简单容易。“玉养人，人养玉”翡翠越戴越美，经常佩带翡翠就是对翡翠最好的保养。日常保养，只需要用清水清洗，去掉尘垢，再用干净柔软的布擦干即可！

送翡翠有学问

翡翠的寓意

一、植物

辣椒：寓意红红火火。

茄子：又长又瘦就是长寿了。

南瓜：代表金窝福窝，富贵的意思。

莲子：路路通，寓意路路畅通，财源广进，连生贵子。

麦穗：翡翠上带有麦穗的图案，寓意岁岁平安。

柿子：翡翠上带有柿子的图案，寓意事事如意。

寿桃：翡翠上带有寿桃的图案，寓意长寿祝福。

花生：翡翠上带有花生的图案，寓意长生不老。也可寓意生意兴隆。

竹节：竹报平安、节节高升，挂在胸前就是胸有成竹了。

豆角：“福豆”据说寺庙中常以豆角为佳肴，和尚称其为“佛豆”。

莲藕：代表佳偶天成，而且它是通透的，一点就透，寓意生下来的小孩聪明。

菱角：翡翠上带有菱角的图案，寓意伶俐，如果菱角和葱在一起表示聪明伶俐。

白菜：说到玉就应该首先想到玉器雕刻中最多见的白菜，寓意为“百财”多多发财的意思。

牡丹：翡翠上带有牡丹的图案，寓意富贵。如果牡丹与瓶子在一起表示富贵平安。

梅花：翡翠上带有梅花的图案，寓意傲骨长存。因其花开五瓣，也寓意花开五福。

百合：翡翠上带有百合的图案，寓意百年好合。如果百合与藕在一起表示佳偶天成，百年好合。

兰花：翡翠上带有兰花的图案，寓意品性高洁。如果兰花与桂花在一起表示兰桂齐芳，也就是子孙优秀的意思。

葫芦：翡翠上带有葫芦的图案，寓意福禄相伴。葫芦也有多子多福，万代盘长，福缘深厚，福满乾坤的含义。

海螺、葫芦：因为具有收纳的作用，所以可以收纳邪气，辟邪进宝，还可以有促进夫妻感情的作用。

玉米、石榴、葡萄：因为它内含多粒的形象，被取寓意为“多子多福”“子孙万代”雕葫芦、花叶、蔓枝，取葫芦内多籽，蔓与万谐音之意。玉米在南方还有个寓意为“一鸣惊人”。

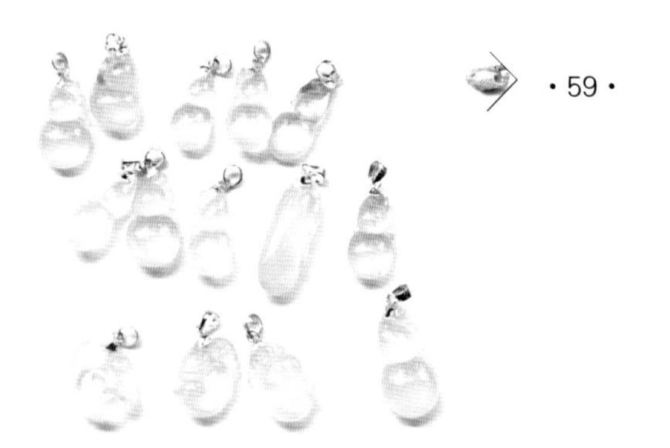

开嘴石榴或葡萄、葫芦：流传百子。旧时传说，周文王有百子。以石榴子多表示百子，还有“子孙葫芦”之说。

翠绿的树叶：代表着勃勃生机，意喻生命之树长青；姑娘佩带翡翠树叶，永远青春美丽，老人佩带翡翠树叶，精神饱满，更有活力。又与“事业”谐音，寓意事业发达旺盛，步步高升，事业更上层楼。

莲荷：翡翠上带有莲荷的图案，寓意出淤泥而不染。如果莲与梅花在一起表示和和美美，如果莲与鲤鱼在一起表示连年有余，如果莲与桂花在一起表示连生贵子，如果是一对莲蓬就表示并蒂同心。

一茎莲花或一茎荷叶：清莲与“清廉”同音。莲花在我国被称为君子之花，宋代周敦颐的《爱莲说》盛赞莲花“出淤泥而不染，濯清涟而不妖，香远益清，亭亭净植，可远观而不可亵玩”，所以其形象高洁、清雅，“一品清廉”比喻仕途顺利，为官清廉。

二、动物

蝎子：甲天下，天下第一。

狐狸：福寿双全，聪明才智。

蝴蝶：寓意爱情。

仙鹤：一品当朝。

五只小鸡：五子登科。

天鹅：纯洁、忠诚、高贵。

蜘蛛：知足长乐 喜从天降。

螃蟹：因八足横行，常象征发横财，八方来财。

甲壳虫：简单的说就是“富甲天下”。

金鱼：翡翠上带有金鱼的图案，寓意金玉满堂。

雄鸡：翡翠上带有雄鸡的图案，寓意吉祥如意。

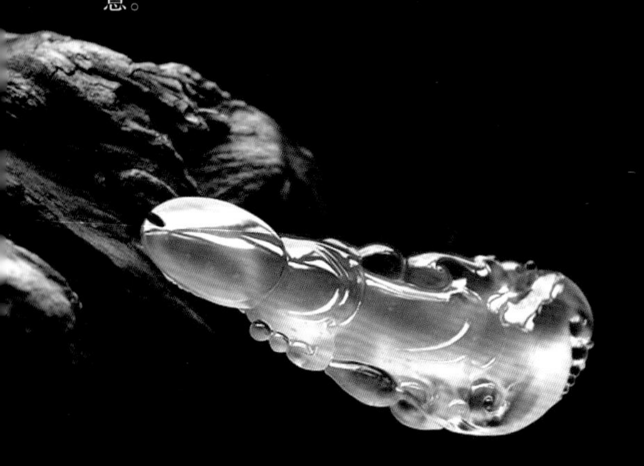

鹌鹑：翡翠上带有鹌鹑的图案，寓意平安如意。

壁虎：翡翠上带有壁虎的图案，寓意必得幸福。

百鸟图：翡翠上带有百鸟的图案，寓意百鸟朝凤。

蝉：寓意一鸣惊人；也可以给儿童佩带，寓意“聪明”。

蝙蝠：福到了或是天赐福缘，所以可以叫做：福星高照。

鲤鱼：翡翠上带有鲤鱼跳龙门图案寓意平步青云飞黄腾达。

驯鹿：翡翠上带有鹿的图案，寓意福禄常在。如果鹿与官人在一起表示加官受禄。

蟾蜍：翡翠上带有蟾的图案，寓意富贵有钱。

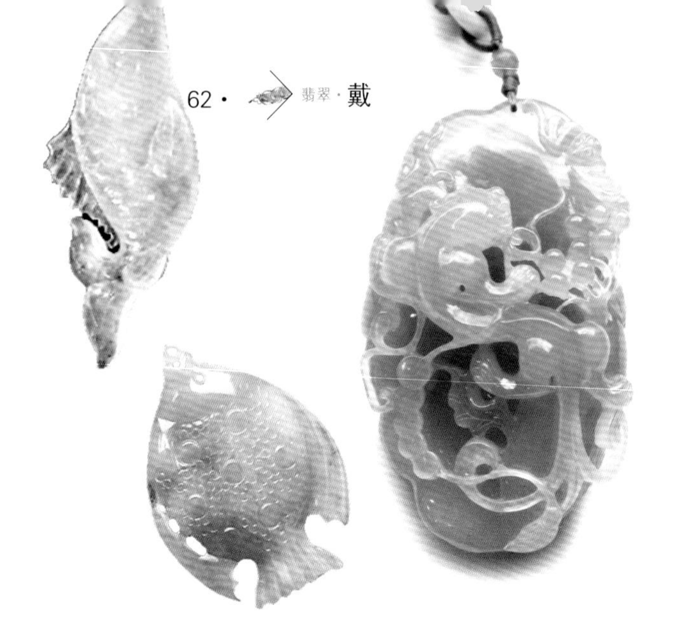

如果蝉与桂树在一起就表示蟾宫折桂。

大象：翡翠上带有大象的图案，寓意吉祥或喜象。如果大象与瓶在一起表示太平有象。

狮子：翡翠上带有狮子图案，寓意勇敢，两个狮子表示事事如意。一大一小的狮子表示太师少师，即位高权重的意思。

喜鹊：翡翠上带有喜鹊的图案，寓意喜气。两只喜鹊表示双喜，如果喜鹊和獾子在一起表示欢喜，如果喜鹊和豹子在一起表示报喜，如果喜鹊和莲在一起表示喜得连科。

鱼：多称为“连年有余”雕荷叶（莲）鲤鱼（余）有的还有童子骑在鲤鱼上；有的雕鲶鱼，取其意“年年有鱼”。

獾：据称獾是动物界中最忠实于对方的生灵，如果一方走走散或是死亡，另一只会终生都在等待对方，决不移情别恋，因此在我国有雕双獾做为夫妻定情之物的说法。“双欢”雕两只首尾相连的獾。寓意欢欢喜喜。

鳌：鳌是传说中海里的大龟或大鳖。唐宋时期，宫殿台阶正中石板上雕有龙和鳌的图象。凡科举中考的进士要在宫殿台阶下迎榜。按规定第一名状元要站在鳌头那里，因此称考中状元为“独占鳌头”。

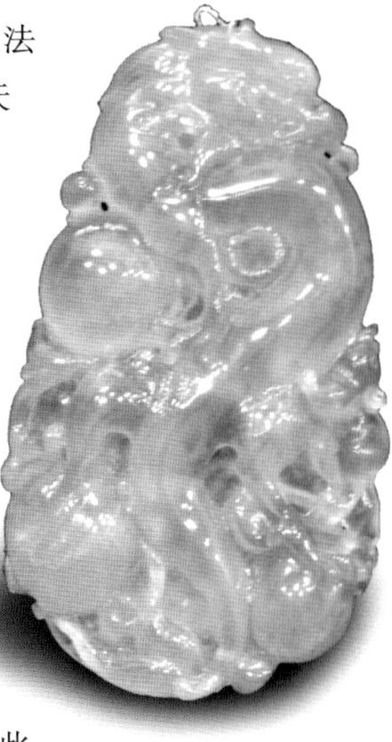

姿态不一的骏马：八骏图。传说周穆王有八匹骏马，名称说法不一。《穆天子传》卷一：“天子之骏，赤骥、盗骊、白义、逾轮、山子、渠黄、华骝、绿耳。《拾遗记周穆王》：“王驭八龙之骏：一名绝地，足不践土；二明翻羽，行越飞禽；三名奔宵，夜行万里；四名超影，逐日而行；五名逾辉，毛色炳耀；六名超光，一形十影；七名腾雾，乘云而奔；八名挟翼，身有肉翅。”其他传说均由此而派生。用于玉牌子和玉扳指上。

十二生肖：

鼠——灵鼠献瑞，瑞鼠运财

牛——扭（牛）转乾坤，牛气腾腾

虎——虎雄千里，虎虎生气

兔——玉兔灵芝，灵兔吉瑞

龙——龙腾云天，大展鸿图

蛇——福禄玉蛇，金蛇飞舞

马——骏马奔腾，马到成功

羊——羊致清和，三羊开泰

猴——灵猴献寿，封侯挂印 ，戴猴也有避小人的意思。

鸡——金鸡报晓，吉运来临

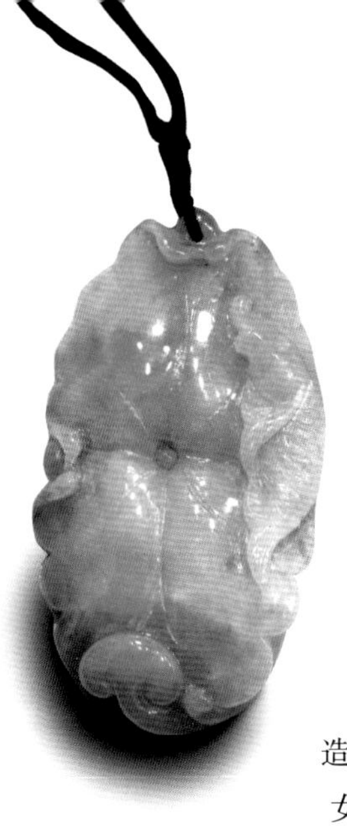

狗——拳拳之心，前程有望

猪——福猪吉祥，祝福平安

佛手：得心应手，福寿双全

如意：事事如意，万事皆灵（如意原型为灵芝）。

财神：翡翠上带有财神爷造型的图案，寓意招财进宝。

女娲：民间传说，女娲炼五色石以补苍天。

寿星：寿星公即南极仙翁；福、禄、寿三星之一。寓意长寿。

老子：春秋时思想家，道家创始人。老子的根本思想就是自我、平常、和谐和循环。

侍女：单独出现象征女人胸怀博大，常与其他图形组成组合图形。

天使：是侍奉神的灵，神差遣来帮助需要拯救的人，传达神的意旨，是神在地上的发言人。

渔翁：是传说中一位捕鱼的仙翁，每下一网，皆大丰收。佩带翡翠渔翁，生意兴旺，连连得利。渔翁得利：寓意福祥吉利。

首翼赤色的凤凰向着太阳：丹凤朝阳，象征美好

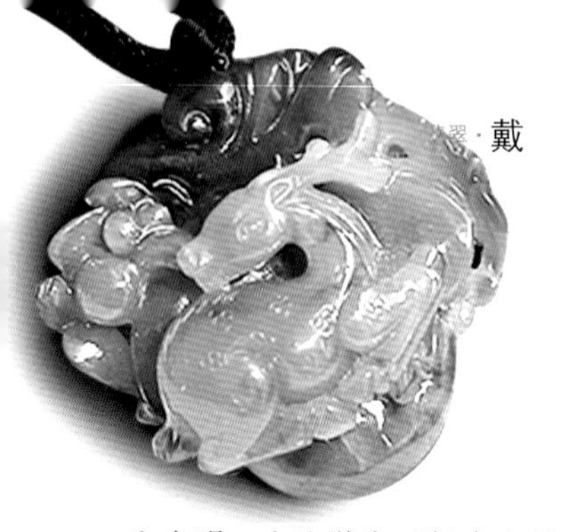

和光明，也比誉为“贤才逢明时”“人生逢盛世”。

貔貅、金蟾：这是现今最热门的题材了。这两件宝贝是招财辟邪的灵兽。金蟾是只有玉器雕刻上才有的题材，三脚的蟾蜍，因其有吐钱的本领，故而成为招财的身手，含有钱的金蟾在摆放时就嘴冲屋内，不含钱的金蟾就冲屋外。貔貅传说是龙王的第九个儿子，因其光吃不拉的特点，所以可以纳财。汉书“西域传”上有一段记载：乌戈山离国有桃拔、狮子、尿牛”孟康注曰：桃拔，一日符拔，似鹿尾长，独角者称为天鹿，两角者称为辟邪。辟邪便是貔貅了。

麒麟图：一兽，头上一角，狮面、牛身，尾带鳞片，脚下生火，其状如鹿、麒麟，古代传说中的动物，古称之为“仁兽”，多作吉祥的象征。“麟凤龟龙，谓之四灵”。《礼记礼运》：“山出器车，河出马图，凤凰、麒麟皆在郊倾。“砸”同“籁”即沼泽。汉代跨上的麒麟图案与马和鹿的样子相似，汉后逐渐完善了麒麟的形象。地毯及文物中的麒麟图案，多为“麒麟送子”“麒吐玉书”

等。因麒麟是瑞兽，又借喻杰出之人，麒麟送子、麒吐玉书皆有杰出人物降生的寓意。有圆雕的玉麒麟，也有牌子状玉麒麟。

奔马下有云：天马行空，在古代传说中，天马是能飞的神兽，天马行空寓意奔放的气势和超群的才华。奔马图案在很多场合又寓意马到成功。

一仙女飞腾状：嫦娥奔月。嫦娥，神话中后羿之妻，后羿从西王母处得到不死之药，嫦娥偷吃后，遂奔月宫。见于明清玉牌子。

罗汉：翡翠上带有罗汉造型的图案，寓意驱邪镇恶的护身神灵在保佑着平安吉祥。

观音：分多种，如观音手抱小孩为送子观音；观音手抱净瓶为送福观音；观音边站一个手拿荷叶的善财童子，寓为求财者得偿所愿，连年有余。

诸佛菩萨：翡翠上带有如来，达摩和观音的图案，寓意有福（佛）相伴，保佑平安。

八仙：翡翠上带有张果老、吕洞宾、韩湘子、何仙姑、李铁拐、汉钟离、曹

国舅、蓝采和八仙的图案，也有在翡翠上雕饰着葫芦、扇子、鱼鼓、花篮、阴阳板、横笛、荷花、宝剑八种法器的图案，八仙或八宝寓意着张显本领，寿喜常在。

三位老神仙：三星高照。古称福、禄、寿三神为“三星”，传说福星司祸福、禄星司富贵、寿星司生死。“三星高照”象征幸福、富有和长寿。

众多仙人各持礼物：群仙祝寿。传说三月三日王母娘娘寿诞之日，各路神仙来祝贺，以此取其吉祥喜庆之意。见于玉插屏及圆雕山子和圆雕笔架。

一仙女提花篮作撒花状：天女散花。佛经故事。《维摩经观众生品》记载，维摩室中有一天女以天花散诸菩萨身，即皆坠落，至大弟子，便著不坠。天女说：“结习未尽，花著身耳。”谓以天女散花试菩萨和声闻弟子的道行。宋之间《设斋叹佛

文》："天女散花，缀山林之草树。"故取其"春满人回"之意。

钟馗：传说故事人物。相传唐明皇于病中梦见一大鬼捉一小鬼啖之。大鬼自称名钟馗，生前曾应武举未中，死后决心消灭天下妖孽。明皇醒后，命画工吴道子绘成图像（见沈括《梦溪笔谈》）。旧俗端午节多悬钟馗之像，谓能打鬼和驱除邪祟。

关公：关羽一生忠义勇武，坚贞不二，不为金银财宝所动，被佛、道、儒三教所崇信。商贾们更是敬佩关公的忠诚和信义，把关公作为他们发财致富的守护神，奉为武财神。

米老鼠：米奇老鼠（又称米老鼠或米奇）是华特迪士尼和Ub Iwerks于1928年创作出的动画形象，迪士尼公司的代表人物。小朋友们的最爱！

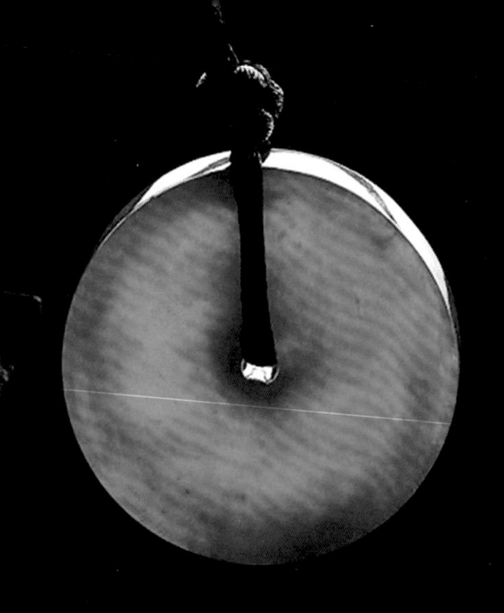

茶壶：启福迎祥

平安扣：翡翠上带有平安扣的图案，寓意平平安安。

风筝：翡翠上带有风筝的图案，寓意青云直上或春风得意。

谷钉纹：翡翠上带有谷钉纹的图案，这是一种在青铜器和古玉器中常用的纹饰，寓意五谷丰登、生活富足。

宝瓶：翡翠上带有花瓶的图案，寓意平安。如果瓶子与鹌鹑和如意在一起就表示平安如意。如果瓶子与钟铃在一起就表示众生平安。

琴、棋、书、画：四艺图。琴棋书画是我国古代文人雅士日常生活中必不可少的文玩，用以增进学识，提高雅兴。图案中“四艺”的造型设计古朴、优雅，富有韵律感。用于玉牌子上。八件宝器：八宝联春。“八宝”分两类；佛家八宝有轮、螺、宝伞、白盖、莲花、宝罐、金鱼、盂长八件宝器，俗称“轮螺伞盖、花罐鱼长”。道家八宝，即八仙护身法宝，为渔鼓、宝剑、花篮、笊篱、葫芦、扇子、阴阳板、横笛八件宝器。八件宝器相连接的图案称之为“八宝联春”或“八宝吉祥”。用于明清玉牌子和玉器皿上。

五、组合图形

两只鹿并行：路路顺利。

鹭鸶、莲叶、桂圆：一路连科。

海棠，两只白头翁：堂上双白。

花生和龙的图案：生意兴隆。

由多尾金鱼组成：金玉满堂。

一麦穗，瓶子和鹌鹑：岁岁平安。

两条鲇鱼并列在一起：年年有鱼。

一鹭鸶，瓶子和鹌鹑：一路平安。

柿子、喜鹊：寓意喜事连连。

很多柿子：事事如意，表达人们美好的祝愿。

几个柿子和桃：诸事遂心。几个柿子寓为“诸事”，桃其形如心，表示诸多事情都称心如意。用于清代玉雕器皿上及玉牌子上，也有圆雕件。

喜鹊三、桂圆三或元宝三：喜报三元。古代科举制度的乡试、会试、殿试之第一名为解元、会元、状元，合称“三元”。明代科举以廷试之前三名为“三元”，即状元、榜眼、探花。“三元”是古代文人梦寐以求、升腾仕取之阶梯，喜鹊是报喜之吉鸟，以三桂圆或三元宝寓意“三元”，是表示一种希望和向往升腾的图案。

麻姑仙女手捧寿桃：麻姑献寿。麻姑，古代神话故事中的仙女。葛洪《神仙传》说她为建昌人，修道牟州东南姑余山。东汉桓帝时应王方平之召，降于蔡经家，年十八九，能掷米成珠。自言曾见东海三次变桑田，蓬莱之水也浅于时，或许又将变为平地。后世遂以“沧海桑田”比喻世事变化之急剧。她的手指像鸟爪，蔡经见后想：“背大痒时，得此爪以爬背，当佳。”又相传三月三日西王母寿辰，她在绛珠河畔以灵芝酿酒，为王母祝寿。故旧时祝女寿者多以绘有麻姑献寿图案之器物为礼品。

如意和猴子合起来是：如意封侯的意思，即祝收到的人步步高升！

五个蝙蝠：表示五福临门。

蝙蝠与日出或者海浪：表示福如东海。

蝙蝠、寿桃、荸荠和梅花：福寿齐眉。多见于玉牌子上。

一蝙蝠在一铜钱旁边：福在眼前。寓意时来运转、幸福将至。

五只蝙蝠围抱寿桃：寿天百福（五福捧寿），象征人的一生非常完美，在各个方面皆获得成功。

蝙蝠和层层纹线：流云百福。前者指福，后者象如意，层层云纹表示连绵不断。流云百福表示百福不断的含义。

一只蝙蝠、寿桃、两枚古钱：福寿双全。图案中一只蝙蝠象征“福”，寿桃象征“寿”，二枚古钱象征“双全”。图案以谐音寓意幸福、长寿的美好人生。

蝙蝠，桃、灵芝三种内容：福至心灵。桃代表长寿，形状似心；蝙蝠借蝠之意为福。灵芝则表示灵义。三者组合的图案代表幸福的到来使人心有灵犀一点通。

上蝙蝠，下南瓜：蝙蝠寓意福从天降，福到了；而南瓜寓意长寿，所以可以说是福寿双全，而蝙蝠是天上飞的，南瓜是地上长的，且南瓜藤满绵延，暗合缠绵之意，所以也可以叫做：地久天长了。

蝙蝠、鹿、桃和喜字：福禄寿喜。以前人们常以蝙蝠之“蝠”寓意幸福之“福”；借“鹿”寓意“禄”；寿桃寓意“寿”，加之以“喜”字，用于表示对幸福、富有、长寿和喜庆之向往。

一蝙蝠、一桃、一石榴或莲子：福寿三多。《庄子天地》：“尧观乎华，华封人曰：‘嘻，圣人，请祝圣入，使圣人寿。’尧曰：‘辞。’‘使圣人富。’尧曰：‘辞。’‘使圣人多男子。’尧回：‘辞。’”古人因以“三多”（多福多寿多男丁）为祝颂之词。石榴取其子多之意，“莲子”乃连生贵子之意。

蝙蝠、寿桃、石榴、如意：三多九如。《诗小雅 天保》："如山如阜，如风如陵，如川之方至，以莫不增……如月之恒，如曰之升，如南山之寿，不骞不崩，如松柏之茂，无不尔或承。"诗名"天保"，篇中连用九个"如"字，有祝贺福寿延绵不绝之意。一大狮子，一小狮子：太师少师。太师，官名，周代设三公即太师太傅太保，太师为三公之最尊者；少师，官名，周礼春官之属，即乐师也。以狮与师同音，寓意太师少师，表示辈辈高官之愿望。宋至清代都有此圆雕玉器。图案为一大龙、一小龙者，称之为"教子成龙"，"望子成龙"。

公鸡、鹿：高官厚禄。

公鸡加 鸡冠花：官上加官。

一只大公鸡教小鸡鸣叫：教子成名。

一雄鸡长鸣，边上有一玫瑰花：长命富贵。雄鸡引颈长鸣、牡丹花一枝：长命富贵。雄鸡长鸣喻长命，牡丹乃富贵之花，喻富贵。还有长命百岁之图案，雄鸡引颈长鸣，旁有禾穗若干。

一娃娃伸手状，上有一飞蝠：福从天降。以天空飞舞的蝙蝠即将落到手中，寓意为"福从天降""福自天来""天赐洪福"等。

一只老鹰和一只螃蟹：取名为"畅通无阻"，知道为什么吗？如果您是做生意的，可以理解为大展鸿图，八方来财，富甲天下;而如果您是在官场上混的，可以理解为英雄独立，横行天下，但是我就把它叫做：畅通无阻，那是因为老鹰是在天空上飞的，螃蟹是海里陆里都来得，海陆空任我翱翔，任我横行，任我畅游，不管官场还是生意场，当然都是畅通无阻了。

大象上趴只猴子：封侯拜相或者是说：太平有象，稳稳封侯，就是平稳升官的意思。

大象和一盆万年青：万象更新，象征时来运转、祥和如愿、财源不断。另外，大象还象征平安、祥瑞，如“太平有象”挂件，寓意时逢盛世，天下安宁。

上边是一个桃子，旁边是如意，下边是猴子：猴是封侯，升官的意思;桃寓意为长寿;而如意也是灵芝，保身延年的意思;猴子又是齐天大圣，寓意洪福齐天，而桃形似心，那就是福至心灵了，如意如人愿就是天从人愿。

鹤、鹿、松：鹤鹿同春。鹿指禄，“六”，鹤借其谐音表示“合”，即天地东南西北；松树意指长寿，象征永远沐浴春光之中，幸福吉祥。

天上一龙，水中一鲤鱼，一龙首鱼身，一鲤鱼跃于龙门之上：鱼龙变化。古代有鲤鱼跃龙门的故事，凡是鲤鱼能跃过龙门的，就可变成龙，否则额头上留点红而归，永远为鱼。鱼跃龙门表示青云得志，飞黄腾达、步步高升之意。

两条云龙、一颗火珠：二龙戏珠，龙珠乃宝珠也，可避火，避祸，代表逢凶化吉，吉祥如意。《通雅》中有“龙珠在颌”的说法，龙珠被认为是一种宝珠，可避水火。有二龙戏珠也有群龙戏珠，

还有云龙捧寿，都是表示吉祥安泰和祝颂平安与长寿之意。

松鹤和松树：松鹤延年。松乃百木之长，象征长寿，还可作有志有节之意，故戴松鹤延年之玉佩有延年益寿，志节高尚之意。

梅花枝头两只喜鹊：喜上眉梢。喜鹊指喜，两只代表双喜。梅花指眉，借喜鹊登在梅花枝头，寓指喜上眉梢，双喜临门。

一蜘蛛网上有一蜘蛛：喜从天降。蜘蛛民间传说为“喜蛛”，此图案有“喜从天降”之意。

一马上有一蜜蜂，一猴子：马上封侯。借三种动物表示“马上封侯”之意。此图案若有大猴背小猴，则为“辈辈封侯”。

松、竹、梅：寓指做人品德高尚，高风亮节。松、竹、梅并称为“岁寒三友”，松、竹、梅、兰称为“四君子”。松是常青、挺立、刚毅的象征，竹是高尚气节、谦虚胸怀的象征，叶剑英元帅曾写诗赞竹：“彩笔凌云画溢思，虚心劲节是吾师。人生贵有胸中竹，经得艰难考验时”。竹有节，且节节向上，翡翠竹节又预示天天向上，一年更比一年强；梅花具有不怕困难，坚毅顽强等品格，其神、形、韵、香一直受到人们的推崇，古往今来，赞美梅花的诗句数不胜数；兰花为我国传统名花，有“王者之乡”“国香”之盛誉，古人常以兰花代香，并赋以其高贵超俗的形象；鹤因其高贵、洒脱、洁雅的形象，一直受到人们的喜爱，是长寿延年的象征。

毛笔、银锭、如意：必定如意。“笔”、“必”谐音，“锭”“定”同音，再加如意，借意为“必定如意”。

英雄斗智：一鹰一熊作争斗状。《本草》：“虎鹰翼广丈余，能搏虎。”《诗小雅》：“维熊维罴，男子之祥。”鹰与英、熊与雄同音。猛禽凶兽相斗，二勇相争，智者胜。还有一松树上落一鹰，地上有一熊，作相互怒视欲斗之式的图案，以此比喻英雄大智大勇。

龙与猴造型：龙可以理解为生意兴隆，猴就是封侯，升官的意思了。所以这个的寓意可以理解为：升官发财。

一龙一凤：龙凤呈祥，意为夫妻美满，吉祥如意。龙的传说很多，《史记高祖本纪》开始将龙和

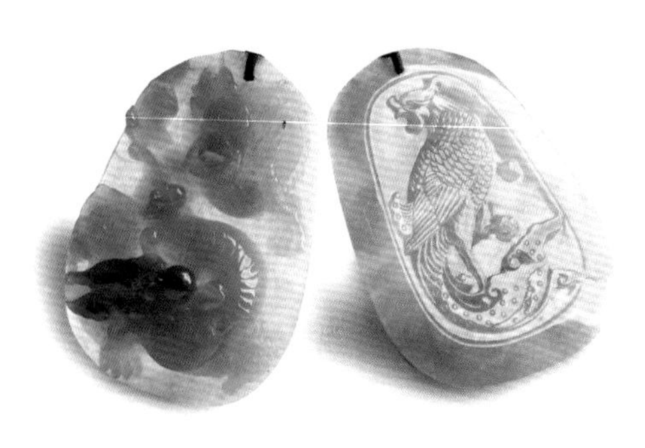

帝王联系起来，“是时雷电晦冥，太公往视，则见蛟龙于其上。已而有身，遂产高科。”凤凰在《淮南子》一书中开始称之为祥瑞之马，雄曰凤，雌曰凰。龙凤是人们心中祥兽瑞鸟，哪里出现龙，哪里便有凤来仪，就会天下太平，五谷丰登。用于玉牌子较多，也用于玉花插件。

螃蟹和甲壳虫：翡翠上带有螃蟹甲壳虫图案寓意富甲天下。

鹌鹑和菊花或者和落叶在一起：表示安居乐业。

童子骑龙：翡翠上带有童子骑龙的图案，寓意状元及第。

大瓜、小瓜、瓜蔓和瓜叶组成：瓜瓞绵绵。“瓜瓞绵绵”一说出自《诗经·大雅·绵》：“绵绵瓜瓞，民之初生”。图中瓜之大者为瓜，小的瓜则称为瓞。瓜一代接着一代生长，以前比喻家族人丁繁盛，当今则比喻丰收有成，硕果累累。

水波上有一条活泼跳跃的鲤鱼：一跃高升，以鱼与一谐音，鲤鱼跃龙门表达在仕途、商场上一举腾达的良好祝愿。

穗、瓶、鹌鹑：岁岁平安。以“岁岁（穗）平（瓶）安（鹌）”之谐音借意表示人们祝愿平安吉祥的良好愿望。

山水松树或海水青山：寿比南山。“福如东海长流水，寿比南山不老松’，乃常见之对联。这一图案亦称“寿山福海”。

鹤蚌相争状，旁立渔翁：渔翁得利。《战国策燕策二》：“赵且伐燕，苏代为燕谓惠王曰：‘今者臣来过易水，蚌方出屋，而鹤啄其肉，蚌合而钳其喙。鹤曰今日不雨，明日不雨，即有死蚌。蚌亦谓鹤曰：今日不出，明日不出，即有死鹤。两者不肯相舍，渔者得而并禽之。’”比喻双方相持不下，第三者因而得利。

风雪中一老人头戴浩然巾，骑驴过桥，手持梅花：踏雪寻梅。踏雪寻梅是根据唐代诗人孟浩然的故事编写而成。孟浩然（689～约740），襄州襄阳（今属湖北）人，少年好学，酷爱梅花，早年隐居鹿门山。年四十，游长安，应进士不第，还襄阳。临行前留给王维一首诗，王维私邀入内署，适唐玄宗李隆基至，浩然匿床下，维以实告，玄宗大喜，诏浩然出，诵所为诗，玄宗以为无求仕之心，即入还。孟浩然《留别王维》诗云：“寂寂竟何待？朝前空自旧。欲寻芳草去，惜与故人违。当路谁相假？知音世所稀。只应守寂寞，还掩故园扉。”孟浩然转驴过渡桥踏雪寻梅，已成为我国古代诗人之佳话。

童子手持莲花、如意，骑在麒麟上：麒麟送子。麒麟，传说中的神兽，加龙、凤、龟称为“四灵”。象征吉祥和瑞。据《圣迹图》载：“孔子生，见麟吐玉书”。故“麒麟送子”，意指圣明之世，麒麟送来的童子，长大后乃经世良材、辅国贤臣也。

五个童子与弥勒佛戏要：五子闹弥勒。含义：弥勒佛，佛教大乘菩萨之一。一般指佛教寺院中胸腹袒露满面笑容的胖和尚塑像，称为弥勒。也有以传说中的布袋和尚为弥勒菩萨化身。旧时民间瓷塑，五童子娃娃爬在弥勒佛身上嬉戏。家里摆上一个，取意阖家欢喜。

根据送礼的对象选择翡翠

玉器作为礼品、信物、吉祥物等已经广泛应用于人们日常生活和各种交往之中，是亲属、朋友、同事之间表示爱心、感情、良好祝愿或祈求平安的首选馈赠之物。

蝙蝠适合送老人，蝙蝠寓意很多，常见有福倒，五蝠捧寿等，常常出现在老人的吉祥服饰上，很适合送家中长辈。

白菜适合送商务人士，白菜谐音百财，是给从商人士的绝好彩头，作为商务礼品可以送摆件。

福瓜适合送任何人，福瓜的造型一向形状丰满，有丰收的感觉。

平安扣适合任何人，平安扣是中国玉器里最经典的造型，它代表圆满、平衡、生生不息。

佛手适合送长辈，佛手即“福手”，经常与石榴蝙蝠佛手一起组成“多子多福多寿”，老人喜欢的好彩头。

笑佛适合送任何人，笑眯眯的佛公，带来的是福气、平安、和睦，因此送谁都行，尤其适合送老人和刚出生的宝宝。

观音适合送给男士，男戴观音女戴佛，所以适合男士，观音普度众生，也最为礼佛人士所爱，送给家中长辈一定没问题，还有官运的意思呢。

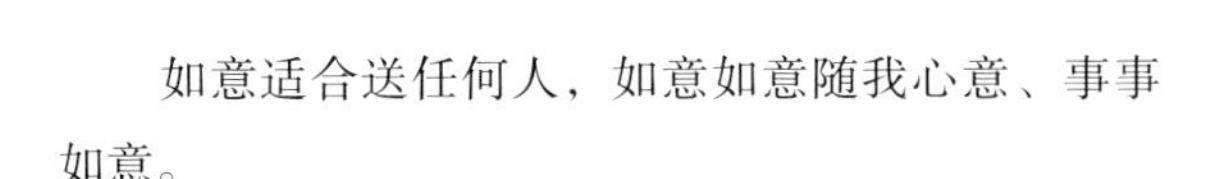

如意适合送任何人，如意如意随我心意、事事如意。

貔貅适合送给爱财之人，貔貅是龙的儿子，以珠宝为食，只进不出，所以被认为是财运的象征，可以招来财运。

金蟾适合送给经商人士，三脚金蟾是招财的瑞兽，口含铜钱，白天头朝外招财晚上头朝内守财，日夜不停啊。

路路通适合送任何人，路路通形制简洁，无论男女老少，戴起来都非常大方，不停转动的路路通是帮你转运哦。

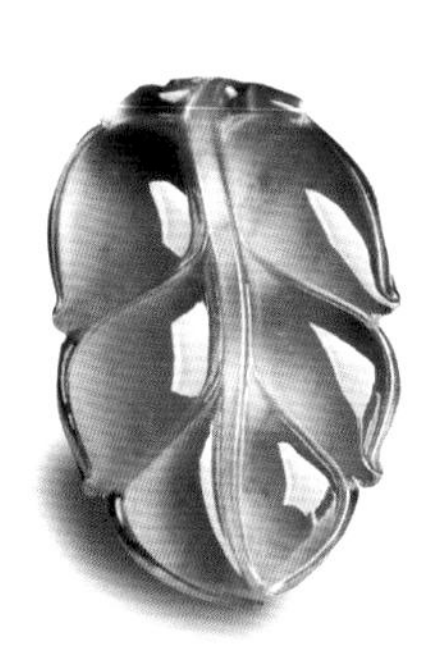

节节高适合送学生，节节高代表步步高升，意寓学业有成，无论是在校学生，还是刚入职场，都是对他们最好的祝福。

四季豆适合信佛人士，四季豆是佛家常用斋菜，所以又称为佛豆，有福豆的意思，送给礼佛人士是最佳选择，同时也有招财作用。

生肖适合送任何人，十二生肖是中国最传统的保护神，在本命年时用小红绳戴在脖子上，是最实在的祝福。

葫芦适合送女士，葫芦形状肥厚可爱，让女孩子爱不释手，尤其是种色好的，真是让人想咬一口，葫芦就是“福禄”，寓意非常好。

关公适合送男士，关公是武财神，又是忠义之士，送关公寓意您的对象是诚信又善于经商的，是极大的赞美。

财神适合送经商人士，财神意寓简洁明了，不仅送挂件适合，送摆件也十分适合。

知道了这些，以后送玉器给别人，就会很方便了，合适而且不失礼节。最后，祝愿大家平平安安，美满祥和。

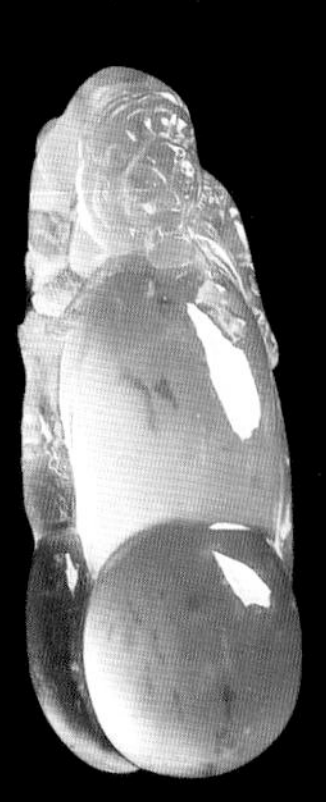

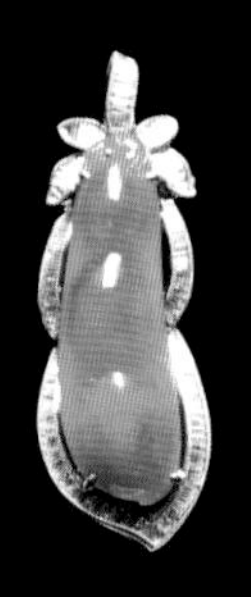

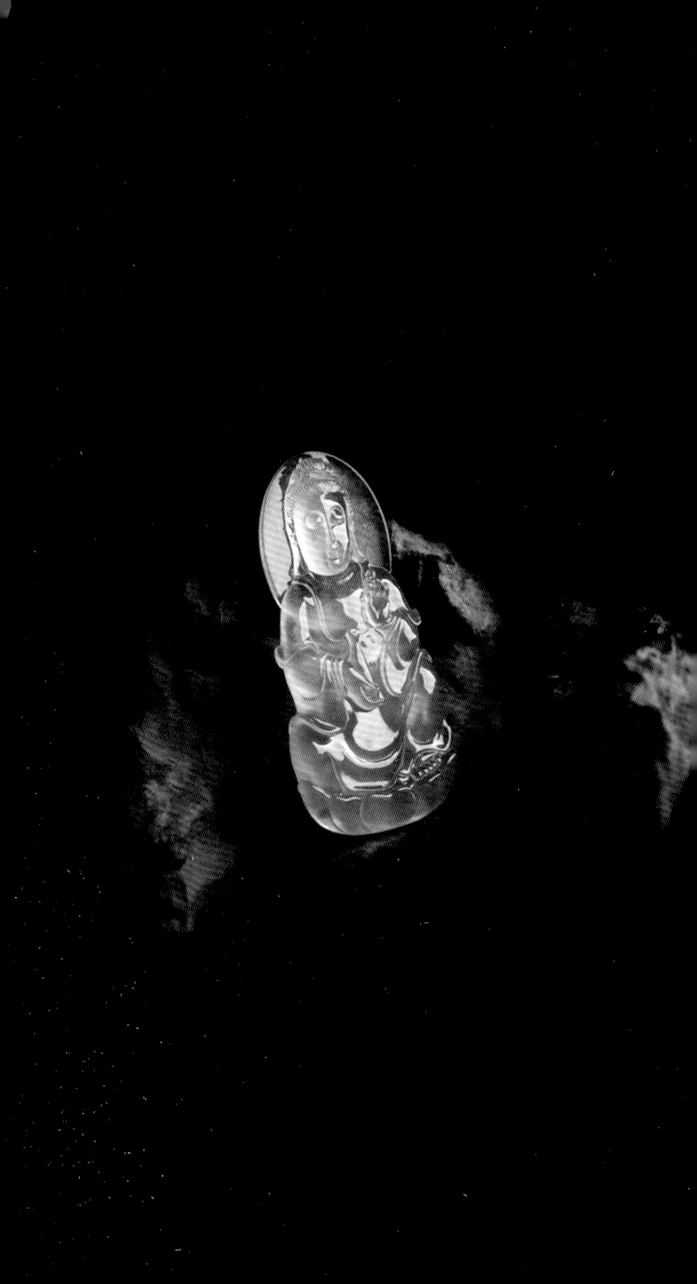

参考文献

[1] 张培莉. 系统宝石学. 北京：地质出版社，2006，5.

[2] 陈德锦. 系统翡翠学. 新浪网读书频道（http://vip.book.sina.com.cn/book/index_56346.html）.

[3] 摩休. 摩休识翠：翡翠鉴赏、价值评估及贸易. 昆明：云南美术出版社，2006，10.

[4] 袁心强. 应用翡翠宝石学. 武汉：中国地质大学出版社，2009，7.

[5] 苏文宁. 翡翠玉B货鉴别新探. 珠宝科技，1997，3：196.

[6] 陈德锦. 翡翠的鉴定程序. 科技资讯，2005，3.

[7] 陈德锦. 翡翠的选购等8篇. 大理日报，2005，8-2006，4.

[8] 欧阳秋眉. 翡翠鉴赏. 香港：天地图书有限公司，1995.

[9] 胡楚雁. 胡博士专栏——学术论文.

[10] 张代明，袁陈斌. 玉海冰花——水沫玉鉴赏·选购·收藏·保养. 昆明：云南科技出版社，2011，10.

[11] 徐斌. 翡翠百科.

[12] 陈德锦. 翡翠印象. 昆明：云南科技出版社，2012，7.

[13] 网友灬轩辕丫龙尊、一片羽毛、童言、品玉有道等的文章

[14] 徐泽彬. 论木那种翡翠.

跋

本书是借鉴了摩休、袁心强、沈崇辉、吴云海、田军、张位及、肖永富、张培莉等专家的知识，根据作者本人2006年起在新浪网读书频道、17K读书频道中发表的《系统翡翠学》一书作为原稿编撰而成经整理编著的关于翡翠方面的知识书籍，其中有部分文字图片引用胡楚雁、徐斌 、网友灬轩辕ヤ龙尊、一片羽毛、童言、品玉有道等的文章，在此对他们表示诚挚的谢意。写的不妥的地方请各位专家学者指正。

本书中大部分图片均为作者以珠宝商家的物品作为样本所拍摄，少量图片来源网络，在此对于他们表示感谢。

感谢翡翠界泰斗专家摩休老师百忙之中给本书写序。

感谢其他两位作者的鼎力支持。

感谢大理州质量技术监督局及检测中心各位领导及同事的大力支持！

感谢妻子刘霞女士及特尔斐珠宝的支持。

玉即是遇，皆因有缘。

陈德锦　谨识